新型职业农民技能培训丛书

新型职业农民中等职业教育教材

"阳光工程"培训

务工与劳动保护常识

唐仲明 曹建辉 刘　晓
王素华 冉海清 史玉秀　编著

山东科学技术出版社

图书在版编目(CIP)数据

务工与劳动保护常识/唐仲明等编著.—济南:山东
科学技术出版社,2014(2015.重印)

(新型职业农民技能培训丛书)

ISBN 978-7-5331-7285-5

Ⅰ.①务… Ⅱ.①唐… Ⅲ.①劳动保护–技术培
训–教材 Ⅳ.①X9

中国版本图书馆 CIP 数据核字(2014)第 042695 号

新型职业农民技能培训丛书

务工与劳动保护常识

唐仲明 等编著

主管单位:山东出版传媒股份有限公司

出 版 者:山东科学技术出版社
地址:济南市玉函路 16 号
邮编:250002 电话:(0531)82098088
网址:www.lkj.com.cn
电子邮件:sdkj@sdpress.com.cn

发 行 者:山东科学技术出版社
地址:济南市玉函路 16 号
邮编:250002 电话:(0531)82098071

印 刷 者:山东金坐标印务有限公司
地址:莱芜市赢牟西大街 28 号
邮编:271100 电话:(0634)6276022

开本:720mm×1020mm 1/16
印张:7.5
版次:2014 年 7 月第 1 版 2015 年 12 月第 2 次印刷

ISBN 978-7-5331-7285-5
定价:14.00 元

前　言

　　要实现农村社会和谐稳定发展,重点在农业,难点在农民。促进农业发展,加快农民奔小康的步伐,关键在于提高农民素质。促进农民工素质提高,造就新型农民,对建设新农村意义重大。

　　随着城乡一体化建设的逐步推进和农业产业化的快速发展,农村技能培训已成为农民就业致富的一条重要渠道,要不断提高农民自我发展能力,培养有文化、懂技术、会经营的新型农民。新型农民培训应该向3个方面发展:第一,促进农业科技化,关键在于加快农业科技创新,加快农业科技成果的转化应用,使新型农民用先进的技术和装备推进农业现代化。第二,带动农业产业化,农业是一个系统工程,产前、产中、产后是一个整体链,需要以市场为导向,以经济效益为中心,形成具有区域性特色的农产品专业化生产。农民职业培训和教育通过对返乡农民工的培养,发现和培养农业产业化经营的应用型人才,从而全面提高农业产业化水平。第三,推进农业现代化,表现为新型农民对土地耕作、蔬菜栽培、果树种植、畜禽养殖新设备和新技术的应用。

　　本丛书选取了18种关注热点高、成熟度大、能切实给农民朋友带来效益的职业和技能,包括农业新型职业,如农产品质量监督员、农村信息员、农村经纪人、经济合作社管理、休闲农业经营等都是"三农"发展新趋势的产物,贯穿于"三农"的各个生产环节,发挥着日趋重要的作用,也赋予了"三农"新的动力和活力;农业产业创新发展需要的职业及技术,如乡村兽医、畜禽养殖新技术、果树修剪与管理、蔬菜栽培新技术等;农村乡镇企业、农民进城务工需要的技能和职业,如电工、钳工、农机修理员、电子装配工、砌筑工、月嫂等。以上这些新技能和新职业涉及"三农"的方方面面，也有城乡结合、过渡的含义。新型农民只有掌握了新的职业技能，才能适应新的农业生产发展形势的需要，才能成为城乡一体化发展的新的生力军。

本丛书强调以人为本的理念，遵循以灵活多变的培训形式取代规范理论教学模式的原则，具有理论与实践相结合的特点；内容涉及范围极可能广，让农民在有限的精力和时间内掌握尽可能多的有益信息；既立足于现在，又着眼于未来；考虑到农民的文化素质，本丛书力求通俗易懂。真心希望本丛书能够成为农民谋求一技之长，提高技能水平，了解农业产业发展形势，进而发家致富的良师益友。

本丛书可作为新型职业农民中等职业教育教材使用，旨在培养适应现代化发展和新农村建设要求的新型职业农民。

由于我们水平有限，加之农业技术和水平发展迅速，书中难免存在错误和欠妥之处，恳请广大农民朋友们提出宝贵意见，以便改正和更新。

编者

目　录

一、农民工务工前必要的培训和 各行业的基本要求

准备进城就业的农民朋友，如果你还没有掌握必要的职业技能，就应先参加职业技能培训。不然，你就很可能因缺乏技能而失去就业的机会。常听到有些人抱怨："我们年轻力壮，工作就是不好找。"这些人中有的可能对苦、脏、累、险的工作不屑一顾，有的可能对职业、声望、地位、前途、风险考虑较多，总之都是希望工作轻松一点，报酬能高一点。但是，这是不切实际的。目前城市里好的工作岗位，大都要求从业人员具有较高文化水平和必要的职业技能。特别是经济发达地区的城镇，缺少的是掌握各类技术、技能的人员，尤其是高技能人才，他们的报酬也较高。进城就业，不论从事哪种职业，都需要一定的知识和技能。掌握必要的职业技能，可以提高进城就业人员的就业竞争力，增加就业机会。

（一）就业准入制度

国家实行职业资格证书制度和就业准入制度，规定部分涉及国家财产、人民生命安全和消费者利益的职业、工种，从业人员必须取得相应的职业资格证书后才能上岗。职业资格证书制度是劳动就业制度的一项重要内容，也是一种特殊形式的国家考试制度。它是指按照国家制定的职业技能标准或任职资格条件，通过

政府认定的考核鉴定机构，对劳动者的技能水平或职业资格进行客观公正、科学规范的评价和鉴定，对合格者授予相应的国家职业资格证书。职业资格证书是表明劳动者具有从事某一职业所必备的知识和技能的证明。它是劳动者求职、任职、开业的资格凭证，是用人单位招聘、录用劳动者的主要依据，也是境外就业、对外劳务合作人员办理技能水平公证的有效证件。拥有职业资格证书，自己的能力就可以得到社会的认可，从而可以更容易地找到适合自己的工作。虽然并不是每位进城务工人员都必须获得职业资格证书，但如是你有了职业资格证书，就一定不会吃亏，它会使你更加容易地找到一份稳定的工作。获取职业资格证书，首先要掌握必要的专业知识和技能，如果还不具备条件，应先参加职业技能培训，然后到当地职业技能鉴定机构申请参加职业技能鉴定。职业技能鉴定是一项基于职业技能水平的考核活动，属于标准参照型考试。它是由考试考核机构，对劳动者从事某种职业所应掌握的技术理论知识、实际操作能力做出客观的测量和评价。职业技能鉴定是国家职业资格证书制度的重要组成部分。国家实施职业技能鉴定，主要包括职业知识、操作技能和职业道德三方面。这些内容是依据国家职业（技能）标准、职业技能鉴定规范（即考试大纲）和相应教材来确定的，并通过编制试卷来进行鉴定考核。经鉴定合格的，由劳动保障部门核发相应的职业资格证书。

所谓就业准入是指根据《劳动法》和《职业教育法》的有关规定，要求从事技术复杂、通用性广、涉及国家财产、人民生命安全和消费者利益职业（工种）的劳动者，必须经过培训，并取得职业资格证书后，方可就业上岗。

职业范围由劳动和社会保障部确定并向社会发布。目前，劳动和社会保障部依据《中华人民共和国职业分类大典》确定了实行就业准入的 66 个职业目录。分别是：车工、铣工、磨工、镗工、组合机床操作工、加工中心操作工、铸造工、锻造工、焊工、金属热处理工、冷作钣金工、涂装工、装配钳工、工具钳工、机修钳工、汽车修理工、摩托车维修工、锅炉设备安装工、维修电工、电子计算机维修工、手工木工、精细木工、贵金属首饰手工制作工、土石方机械操作工、砌筑工、混凝土工、钢筋工、架子工、防水工、装饰装修工、电气设备安装工、管工、汽车驾驶员、起重装卸机械操作工、音响调音员、纺织纤维检验工、贵金属首饰钻石宝玉石检验员、动物疫病防治员、动物检疫检验员、沼气生产工、推销员、中药购销员、鉴定估价师、医药商品购销员、中式烹调师、中式面点师、西式烹调师、西式面点师、调酒师、保健按摩师、职业指导员、物业管理员、锅炉操作工、美容师、美发师、摄影师、眼镜验光员、眼镜定配工、家用电子产品维修工、家用电器产品维修工、钟表维修工、办公设备维修工、秘书、计算机操作员、话务员、用户通信终端维修员。

（二）农民工培训内容

农民工培训的内容十分丰富，除了职业操作技能、基本理论知识外，还包括法律法规、公民道德、职业道德、思想教育、城市生活需知等。

1. 基本技能和技术操作规程的培训

包括不同行业、不同工种、不同岗位的技能培训和技能鉴定。诸如车工、钳工、焊工、锅炉工、家用电子产品维修工、技师维修电工、计算机操作员、食品加工等，这些培训基本能满足进城就业的技能需求。

2. 政策、法律法规知识培训

进城之前就业人员需要具备一些基本的法律知识，如《劳动法》《消费者权益保护法》《合同法》《职业病防治法》等。了解这些法律法规，会增强就业者遵纪守法和利用法律保护自身合法权益的意识。对国家有关政策、法律法规的了解本身就是一笔财富，为今后人生道路上维护自身权益提供了法律准备。

3. 安全常识和公民道德规范培训

诸如安全生产、城市公共道德、职业道德、城市生活常识等。目的是增强进城就业人员适应城市工作和生活的能力，养成良好的公民道德意识，树立建设城市、爱护城市、保护环境、遵纪守法、文明礼貌的社会风尚。

4. 培训途径

（1）县、乡镇劳动服务机构举办的培训班。这些培训班一般是由政府有关部门主办的，具有较好的信誉，培训内容和就业去向一般具有针对性，有些是结合具体工程项目进行的。

（2）参加职业高中、技校、夜校、专门的职业培训学校的学习，诸如烹饪学校、驾驶学校、计算机培训学校、家电修理培训班等。这些学校专门从事各类专业的技能培训活动，具有较完善的办学设施、较强的师资力量，既可以学习到较系统的知识，又可以在短时间内掌握一定的技术，是目前农民进城就业获得有关专业技能的重要渠道。

（3）电视学校或网络学校的培训。我们所处的时代被称为信息时代，电视、广播和网络给人们带来了大量的信息，是现代人们获得知识技能的重要途径，被称为远程教育。目前国家通过远程教育开设了上百个可供选择的专业，越来越成为当代农村青年获得进城就业知识与技能的重要途径。

进城就业人员可根据自己的文化基础、经济实力、就业去向和自己的兴趣等条件，选择适合自己的培训途径。需要指出的是，学习是一个持之以恒的过程，不仅仅是在进城就业前接受短暂的培训，更应该是一个系统学习和长期积累的过程。即使在进城就业后，仍要不断学习，提高自己的职业技能，丰富自己的知识，这样才能不断提高自己适应社会能能力。

（三）进城就业农民工应具备的素质要求

从全国范围来看，农民工进城就业所集中的主要行业有：工业、建筑业、饮食服务业、家政服务业、服装加工业、书刊零售业、美容美发业等。

1. 工业

主要就业领域集中在采掘业（采煤工人、采油工人）和制造业（包括工业制造业和食品、饮料制造业）。这是一个工资相对较高，但工作也比较艰苦的行业。对从事此行业的人要求有一定的体能和技能。

2. 建筑业

在各大城市如火如荼的建筑市场上，大部分建筑工人都是由农民工组成的，而这一行业是由一系列的职业组成，诸如土木建筑、水泥工、钢筋工、木工、室内装修工等。建筑业是技术性强、劳动强度大的行业，对从业者的素质要求比较高。

第一，身体条件要好。建筑工作大都是强体力劳动，从业者必须是年轻力壮、没有疾病的人。凡患有高血压、心脏病、贫血、癫痫等症的人不宜从事建筑工作。建筑工人的工作环境较恶劣，不管刮风下雨、春夏秋冬，一年四季都要进行工作，良好的身体素质条件，是从事建筑行业的基础。

第二，安全第一的意识。这是由建筑业的特点所决定的，因为在施工过程中，经常会有高空作业；工地上到处都是钢筋水泥、砖头瓦块，稍有不慎就可能发生意外，任何粗心大意都可能威胁到生命安全。因此，在建筑工地工作，必须严格遵守工地施工的安全要求，遵守安全操作规范。作为建筑工人，不光要胆大，还要心细，牢牢树立安全第一的意识。

第三，知识与能力。从事建筑业的劳动者应具备中学的物理、化学、代数、几何知识，掌握建筑工艺中的一种或几种技能，同时要熟悉有关建筑质量标准、质量管理等知识，了解建筑的一般过程，熟悉灭火常识、安全用电知识以及急救常识等。

建筑是百年大计，建筑质量与建筑劳动者的技术、责任心密切相关，从事建筑工作的劳动者除了要有精湛的技术，还应有高度的责任感和精益求精的工作态度。

3. 饮食服务业

包括厨师、饭店与食堂服务员、食品销售员等。无论是做厨师还是餐厅服务员，都要求具有强烈的服务意识，有端正的服务态度，具有热情、开朗、乐观的心理品质，能严格遵守职业纪律，能够自觉抵制精神污染和金钱腐蚀。

对从事饮食服务业的人员，要求具有高中以上文化程度，懂得心理学、民俗学，具有原料知识、营养学知识、卫生知识和经营管理知识。如果在涉外饭店工作，还需要具备简单的外语会话能力。作为服务行业，直接与顾客打交道，需要丰富的知识面，不仅对本饭店经营的饭菜和酒水要有足够的了解，还要对饮食知识和饮食文化有一定的了解，才能满足不同群体、不同层次顾客的需求。

要求男性 1.70 米以上，女性 1.60 米以上，视力不低于 0.6，味觉、嗅觉灵敏，动作反应迅速，无色盲、无口臭、无口吃、无皮肤病、无传染病。对于服务员，还要求五官端正、言语流畅。

最后还有修养问题。餐饮业是窗口行业，这要求从业者具有良好的个人修养。要注重仪表、整洁大方，懂得礼仪。穿着打扮要合适、合体、合度，保持饱满的精神状态。

4. 家政服务业

家政服务业涉及的内容十分丰富，包括照看婴儿、接送孩子、照顾老人和病人、洗衣做饭、打扫卫生等许多方面。家政服务的需求是多方位的，行业发展迅速，市场需求旺盛，对劳动力的吸纳能力很强。家政服务的形式也是多样的，有相对稳定的，也有临时的或小时工，有单项的家政服务，也有综合的家政服务。家政服务业的特点是进入家庭内就业，工作项目多而细，并要与各种各样的雇主接触，因此，对家政服务业人员的素质要求也比较高。

第一，身体健康。对从事家政服务业的人员来说，身体条件是前提。不仅洗衣、做饭、打扫卫生等工作需要有较好的体力，也因为你要与婴儿、老人甚至病人接触，而他们的抵抗能力又都比较弱，所以必须身体健康，不能患有任何传染病。同时要有良好的卫生习惯，不把病传给别人，也不要让别人把病传给自己。

第二，品质良好。报纸电视上经常有这样一些报道：某小时工盗窃雇主家中的财物，某保姆虐待雇主家的老人。因此，很多人对雇保姆和小时工存在一定顾虑。所以，具有良好的个性品质，是从事家政服务业最基本的要求。

第三，耐心细致。家政服务业是为家庭或个人提供服务，琐碎的事情很多，尤其对于照顾老人和孩子更要有足够的细心和耐心。

第四，善于沟通。从事家政服务业的人员几乎要与雇主家中的所有人朝夕相处，所以，要有一定的沟通能力，及时跟雇主反映各种情况，出现问题能够解释清楚，防止出现误会。同时具有良好的人际沟通能力，也会促进进城就业人员与雇主及其家庭成员和睦相处。

5. 服装加工业

服装制作有分工协作和个人独立制作两类。分工协作主要是在服装公司、服装加工厂，包括设计、打样、裁剪、缝纫、打扣眼、锁边、熨烫、包装等工艺。个人独立制作主要是在个体服装店。在制作新衣服的同时，如果能开展补衣、改衣、熨衣等多项服务，会受到顾客的欢迎。服装加工对从业者的素质也有一定的要求。

第一，不能有色盲、色弱等缺陷，要有良好的记忆力、尺码计算能力，四肢动作灵巧，双手动作协调性要好。

第二，具有高中以上文化程度，经过服装加工专业培训，能够识别裁剪图样，了解缝纫要求，掌握一般服装的量体、制图、打样、剪裁、缝纫的基本理论和技能。

第三，要目光敏锐，能准确把握时代信息，追逐时尚，符合潮流，能设计出符合人们要求的衣服。只有更新观念，把握住各季服装流行趋势，才能在服装制作业中站住脚跟。

6. 书刊零售业

书刊零售业是城镇服务业的重要内容，也是农民进城就业的重要渠道。根据书刊销售方式分，有流动零售和固定摊位销售；根据销售内容分，有报纸、刊物、书籍以及电子出版物的销售等。从事书刊零售选择合适的摊点位置很重要，一般应选在人口比较集中的住宅小区、汽车站、火车站等人流量大的地方。

从事书刊零售业，首先需要从业者了解有关图书、报纸、杂志以及电子出版物方面的知识。熟悉批发、零售业务，懂得市场行情，特别要研究不同的读者群体的阅读兴趣，了解市场上哪种图书、报纸、杂志比较畅销。从业者应该是个喜欢读书的人，只有如此才能面对眼花缭乱的书报杂志，选出好书介绍给读者。其次，要有较强的法律意识，国家对个体销售出版物有明确的规定，如不得经营进口书刊，港、澳、台书刊和"内部发行"的书刊；不能经营国家明令禁止的出版物和其他非法出版物，如凶杀、淫秽、盗版书刊；不能加价或强行搭售书刊等等。需要强调的是，从事书刊零售是传播精神文化的工作，一个人的道德水准、政治觉悟、社会责任感是非常重要的。如果一个人见利忘义、唯利是图，就很容易被利益所吸引，非法销售不健康的出版物，对社会造成危害，结果也使自己走上犯罪的道路，这方面的教训是屡见不鲜的。因此，要求从业者要不断地学习，提高自身的文化素质、政治素质和道德、法律素质，做一个文明、守法的经营者。

7. 美容美发业

美容美发是居民服务业的重要内容，分为美容师和美发师。美容师主要工作包括皮肤护理、按摩、文眉、祛斑等；美发师主要工作包括剪发、烫发、染发、护发、焗油、吹风、盘头等。美容美发业对从业者的要求如下：

第一，从业者要有高中以上文化程度；有一定的美学和心理学知识；掌握美容美发业务的基础知识、设备工具知识；熟知相关的化学药品属性；具备防护知识。

第二，从业者要具有较高的审美能力、创造想像力和熟练的美容美发技术；能够根据每一位顾客的职业、性格、身材等条件，确定最适合的造型，为顾客提供满意的服务。最后需要指出的是，美容美发行业是发现美、创造美的工作，从业者个人更要注意对美的追求，要着装整洁，仪表大方。如果能根据本店的性质，在服装、饰品上加以合理搭配，更能给人一种美的享受。

二、进城后如何找工作

（一）找一个适合自己的工作

现代职业种类多得让人眼花缭乱，但有些工作不是任何人都能胜任的。有人看到别人做某种工作做得很好，就觉得自己同样可以做，但真的做了之后才发现根本不是那么回事儿。这就是由于职业差异和我们个体差异所造成的。找到一份合适的工作如同买了一件称心如意的衣服，自己穿了合适，别人看了也觉得舒服。俗话说"量体裁衣"、"量力而行"，在适合自己的工作环境里工作，状态会很放松，无论做什么都会觉得得心应手，也很容易出成绩。

选择适合自己的工作的另一个好处，就是可以使你的工作变得轻松有趣，与这个职业相关的知识会掌握的越来越多，专业水平也会不断提高，而且有可能成为同行中的佼佼者。相反，如果一个人选择了不适合自己的工作，很难在工作中做出成绩。

面对种类繁多的工作，怎样才能判断出自己适合做哪类工作呢？这需要对自己进行全面的衡量，包括心理上和生理上的各项条件都要认真分析。

从心理上说，喜欢什么工作是最重要的因素。因为只有对某项工作产生兴趣的时候，人们才会自觉地朝着相关的方向努力、积累相关的知识和技能，你对某个工作感兴趣，那么干起工作来就会感到其乐无穷。性格也是重要的影响因素，显然一个性格内向、少言寡语的人从事商品推销工作是不合适的，一个脾气急躁的人也难以胜任诸如校对、售货等工作。

除此之外，具备怎样的能力，也是判断自己适合哪种工作的重要标准。你具有烹调能力，可以做出各式花样的可口菜肴，那么就选择厨师工作。你的手很灵巧，眼手具有很好的协调性，可以选择家电维修、手工艺等工作。你可以通过心理测验来了解自己的兴趣、性格和能力，判断自己是否适合某类工作。

从生理角度讲，每个人的长相、模样、体格、体力等也可成为判断自己适合哪种工作的依据。许多工作对从业者的生理条件都有特定的要求，如大宾馆、饭店的服务人员、保安人员对相貌、身高有特定的要求；搬家公司对其员工的体力、耐力有特定要求；有色盲的人不能从事与颜色有关的工作，如蔬菜的分级包装、印染、化验等工作；有嗅觉缺陷的人不能从事食品生产、化妆品销售等工作。了解自己的生理特点和工作对从业者身体条件的要求，可以减少求职失误和工作挫折。

除此之外，还要考虑某些工作对知识、技能的要求。有了对自己心理、生理、知识和能力的了解，就能大致判断出自己合适的工作范围，从而为自己确定明确的职业目标，这样可以降低找工作的盲目性，有利于顺利找到合适的工作。

（二）找工作的技巧

找工作同做其他事情一样，也有方法和技巧。很多人找不到工作并不是因为他们没有做事的能力，而是因为他们在找工作过程中没有运用正确的方法和一定的技巧。

1. 了解自己

包括了解自己的知识、技能、性格、爱好以及身体状况等。找工作之前，你必须先对自己有全面的认识，一定得知道自己能做哪些方面的工作，不适合做哪些方面的工作。找工作不能眼高手低，明明自己没有能力做的工作却偏要做，那结果一定是会被拒之门外的。

2. 了解你所选择的职业和行业

了解职业岗位的工作内容、工作性质和对从业者素质的要求。你可以向亲朋好友中做过相关工作的人了解有关情况，也可以向从事这方面工作的其他人请教，他们经验丰富，体会深刻，能给你提供具有指导意义的信息。他们工作过程中的失败教训，对你可以起到预防作用，而他们的成功经验又是你可以借鉴的。

3. 自我推荐

在了解自己和工作的基础上，就开始求职了。求职就是寻找和得到工作的过程，通常包括获得用人的信息、争取面试、谈话、签约等环节。找工作就像推销商品一样，要让顾客买你的产品，你就必须告诉对方，你的商品质量如何好，价格怎样公道，才能吸引人们来买这种商品。同样，找工作时也要围绕着"我真正有能力做好这份工作，而我提出的要求也是十分合理的"这样一个中心来展开。一定要学会推销自己，这样别人才会认可和录用你。

（三）找工作应避免哪些误区

很多时候有的人找不到工作并不是因为无人雇用，而是因为走进了一些误区。这些思想和行动上的错误，往往会导致人们难以找到合适的工作。

1. 找工作挑肥拣瘦

有些人面临眼花缭乱的职业挑肥拣瘦；找工作时往往处在两难状态，想干又怕艰苦，不艰苦的工作收入又低。有的人甚至因无所适从而打道回村。其实，每一种工作都是有付出，才有回报。收入高的工作，不是劳动强度大，就是对人的素质要求高；清闲的工作，对从业者素质要求低的工作，收入就低，不可能存在一个既清闲，又收入高，人人都可以做的工作。这是由劳动力市场的供求关系决定的。具有吃苦耐劳的精神是做好一项工作的起码条件，怕脏怕累、怕吃苦的人，不可能找到工作。我们应该懂得先苦后甜的道理，从艰苦的、简单的工作做起，等你有了经验，有了资本，自然就会有更好的工作。

2. 这山望着那山高

有些人总是看着别人的工作比自己的好，频繁地换工作，结果知识和技能得不到提高，最终为社会所淘汰。找工作要量力而为，从自己能够胜任的工作做起，一步一个脚印地积累知识和技能，因为只有在相对稳定的工作环境中才能积累职业技能。

3. 畏手畏脚，缺乏自信

有些人的行为被自卑心理所笼罩，总觉得自己什么工作都做不了，本来很有优势，但看不到自己的优点，明明可以做的工作，却因为对自己没有足够的信心，害怕能力不够而不敢去尝试。这样无疑失去了很多工作机会。

4. 对金钱过分迷恋

赚钱是每个进城就业者最直接的目的，有些不法分子利用这种心理，以高工资、高报酬为诱饵，吸引不知情的人上当，最后不但钱没挣到，自己还被别人利用，走上了犯罪的道路。挣钱是进城打工的目的之一，挣钱要取之有道、合理合法，何况挣钱并不是进城打工的唯一目的，选择工作时要考虑自身的发展，选择更有利于在城市生活的工作。

以上思想和行为往往导致找工作的失败，所以应尽量避免这些误区。

（四）找工作应该注意哪些问题

找工作要考虑的因素有很多，其实当你准备外出打工时，就已经开始考虑：准备去哪座城镇？适合去南方，还是北方？因为不同的地方有不同的气候、饮食、语言等。一个在南方长大的人也许不习惯北方的天寒地冻，患有风湿性关节炎的人，就不宜到空气潮湿的环境里工作。除此之外，找工作还要注意以下一些具体情况：

1. 要了解你想做的工作是不是已经"人满为患"

如果有许多人都要从事这种工作，在这个行业或职业上劳动力的供给远远大于需求，那么即使你费了很大的力气，因为竞争激烈，可能也得不到这个工作。

2. 要注意所选的行业有什么规范

许多行业有自己的工作习惯、行业用语和一些行业忌讳，不了解这些就可能成为就业的障碍。

3. 从事个体经营应懂得国家的有关规定

懂得如何取得营业资格和营业执照，如何纳税等程序，了解经营范围和经营方式。

4. 不要根据他人的好恶或评价选择工作

每种行业或工作因为性质不同，在人们心目中的地位也不一样，难免有高、低、贵、贱之分。找工作不要受他人评价的影响，俗话说"行行出状元"，无论哪种工作，只要符合自身的条件便是好工作。

5. 要学会用法律保护自己

有少数个体经营者采取拖欠工资、谎称赔本等手段拒绝支付劳动报酬，骗取劳动力，甚至欺辱女工的现象也时有发生。所以，进城务工的朋友必须熟悉有关的法律、法规，防止受骗，学会用法律保护自己。

（五）进城就业的途径

1. 劳务输出

主要是由劳务人员输出地与输入地之间，通过协议的形式建立起劳动力交流合作关系，根据用工单位的需求，由进城就业的农民工输出地劳动就业管理机构通过市场化运作，主动输送务工人员。

2. 由劳动保障部门、人事部门职业介绍机构介绍

这一类职业介绍机构由劳动保障部门、人事部门主管，是非营利的公益性单位，包括各级政府部门设立或者举办的就业服务机构、职业介绍服务中心、人才交流中心、人才资源公司等。

3. 由社会职业介绍机构介绍

这类职业介绍机构属于非官方中介，是由社会团体、街道社区、企业法人以及公民个人举办的职业介绍所或者兼办职业介绍业务，其合法展开业务活动的前提是必须符合国家有关法律规定，取得劳动保障部门颁发的《职业介绍许可证》。

4. 他人介绍

"他人"可以是亲友，也可以是同乡。在城镇务工的亲朋好友不仅有在城镇工作的经验，也了解进城就业的相关信息，特别是他们所在单位用工的信息。这些信息不仅可靠，而且竞争少，是获取就业信息简单有效的途径。亲友一般是比较可靠的，如果

他本人就是城镇居民，而且有帮助你介绍工作的能力，你可以放心地去他那里打工。同乡的帮助也是重要的，许多进城就业的农民工都是在同乡的介绍下，一带十、十带百而形成的进城就业群体。但人有好有坏，如果你对介绍工作的同乡有较深的了解，并且他是可以信赖的，通过他的介绍往往是获得工作的好途径。但如果为你介绍工作的同乡品行不端，那就不能轻易相信，否则，很有可能会误入歧途。

5. 用人单位直接到当地招用

有些城镇用人单位需要招用劳动力时，会派工作人员来到农村，直接在当地招收进城就业的农民工。或者，他们会委托当地劳动部门职业介绍机构或其他具备相应资格的职业介绍机构招收。这样一种就业的途径，给进城就业的人提供了很大方便，不仅可以节约许多用来找工作的时间，也可以节省进城就业的费用。但要注意的是，一定要考查用人单位招工这一事情的真实性和可靠性，以免上当受骗。

6. 只身一人闯天下

在没有其他途径的情况下，这也是一种进城就业的途径，只身一人可能有更多的工作机会，到城镇寻求发展，有利于自身生存能力的提高和独立创业精神的培养。但这种进城就业途径盲目性大、风险性高，要求农民工具有较高的素质和抗挫折的能力。对于从来没有外出就业经验的人来说，这不是最好的途径。

7. 其他途径

例如，通过报纸、刊物、广播、电视、网络等途径来获得进城就业的信息。现在许多报刊都有专门刊登就业信息的版面，可以很容易就找到相关的就业信息。由于这些信息来源复杂，所以要注意筛选，避免上当受骗。

（六）从劳动力市场了解信息

农民进城就业需要到劳动力市场寻找工作。劳动力市场就是指在劳动力管理和就业领域中，按照市场规律，自觉运用市场机制调节劳动力供求关系，对劳动力的流动进行合理引导，从而实现对劳动力合理配置的机构。目前我国主要劳动力市场由以下几类就业机构构成：各级人事部门举办的人才交流中心，各类民办的人才交流中心，各级劳动和社会保障部门开办的职业介绍所，各类民办的职业介绍所，政府有关部门举办的各类劳动力供需交流会，社区劳动服务部门，专门的职业介绍网站。

就业信息绝不是单纯指"需要人员"的消息，而是指通过各种媒介传递的有关就业方面的情况。

1. 用人信息

是用人单位具体的聘人信息。完整的用人信息包括：职业的信息，职业岗位的名称，岗位数量，职业工作内容、性质或特点，职业的待遇，工作地点与环境，发展前途等；应聘条件，如对从业者的知识、能力、年龄、性别、身高、体力、相貌等的要求；如程序方面的信息，如报名手续、联络方法、考核内容、面试与录用程序等。

2. 就业政策与劳动法规

是国家制定的就业和用人原则、方针与方法，体现一定时期社会发展的需要，无论是用人单位，还是进城就业的农民，都必须遵守。

3. 就业服务机构

是提供就业服务的机构，如城镇就业手续办理机构等。在许多职业介绍和就业咨询部门都有专门的职业指导师，备有各种心理测验和职业测验工具，可以帮助你了解自己适合哪类职业。

（七）怎样判断职业介绍所的可靠性

在现实生活中，只有那些可靠可信的事物，才会对我们产生积极有利的作用；那些不可靠、不可信的东西，则常常把我们引入歧途，甚至导致不应有的损失。那么，农民工进城就业，究竟该怎样来判断职业介绍机构的可靠性呢？

1. 手续合法

按照现行行业管理规定，各地的职业介绍机构均有当地的劳动行政部门核准才能挂牌营业，其标志证件是"职业介绍许可证"。按照行业管理规定，"职业介绍许可证"必须悬挂于职业介绍机构的营业厅或对外办公室的显眼之处，以便于求职者辨识。因此，求职者第一次走进某个职业介绍机构时，应首先留意观察其"职业介绍许可证"悬挂或摆放的位置。没有"职业介绍许可证"的职业介绍机构，一般都是非法的"黑职介"。

2. 制度健全

现在任何一个合法经营的职业介绍机构，都应该有规范的规章制度。缺乏应有的规章制度，必然导致他们处于杂乱无章的状态。通常这些杂乱无章的中介机构，往往是靠不住的。

职业介绍机构的工作制度，应包括"职业介绍业务范围"、"求职登记程序"、"职业介绍收费办法及收费标准"、"职业介绍工作责任制"等内容。按照现行管理模式，这些工作制度应该形成文字，并悬挂或摆放在便于求职者看到的显眼之处。凡是不能把这些工作制度、收费办法、收费标准等有关职业介绍工作程序的规范形成文字，并悬挂或摆放在大庭广众之前的职业介绍机构，都可靠性较低。

3．佩证上岗

凡是规范的职业介绍机构，其工作人员在上班时间、在工作场所内，均应佩戴胸卡上班。这种胸卡印有佩戴人员的姓名和相片及职务，作用一是便于顾客认识，二是便于社会监督。因此，凡是工作人员大多不佩戴胸卡，或主要业务经办人员没有胸卡，或有胸卡但字迹和相片难以辨认的职业介绍机构，你与他打交道时，就应持谨慎态度。

4．票据规范

根据财政和税务部门的规定，各类职业介绍机构在向顾客收取费用时，必须开具财政部门、税务部门统一印制的发票。同时这类发票在开具给顾客时，必须加盖该职业介绍机构的财务专用章，还应该写上经办人的姓名或加盖其私人印章。因此，当你到一个职业介绍机构求职择业、交纳相关费用时，有权索取符合上述规定的合法票据。那些不敢或不肯给求职者出具正规票据的职业介绍机构，可靠程度就应该受到质疑。

5．成交率高

一个职业介绍机构的可靠程度，说到底要看其介绍的成交率的高低而定。所谓成交率，是指其介绍求职者就业的上岗情况。经其介绍的求职者上岗的人数越多，可靠性就越高。你应主动去找若干个不同批次、不同对象的被介绍者，去调查和询问；亦可到同一地区的不同的职业介绍机构，去进行了解和对比它们介绍成交率的高低。这样，你就有可能对某个职业介绍机构的介绍成交率有一个大致了解，从而确定它的可靠程度。

6．场地规范

职业介绍机构，应有一定面积的、固定的、干净整齐的办公场所。对此，各地劳动行政部门，在对其审批之前多会派人

新型职业农民技能培训丛书

务工与劳动保护常识

现场核查。大凡场地狭小、杂乱无章，在城市的旮旮旯旯等角落开办的职业介绍机构，可靠程度是相当低的，你最好不要涉足其中。

（八）如何识破职业介绍中的骗局

有些私人职业介绍所的人花言巧语游说务工者，许诺可以找到工资很高的工作，然后收取定金、介绍费和手续费。等到过几天务工者再来找他们时，他们已经卷着钱逃之夭夭了。这些骗子是"打一枪换一个地方"，连他们用的姓名都是假的，几乎没办法找到他们。

有些人假装是某公司或某饭店等的招聘人员，为单位招聘员工。通常情况下他们会吹嘘自己的单位工作如何好，待遇如何高，但是他们招工都有一个条件，就是工作之前必须要交押金，上当者往往工作没找到，还被人骗了钱。识破就业中此类骗局，主要从以下几个方面做起：在进城前，要尽量想办法熟悉城镇的基本情况，可以翻阅介绍资料，也可以向熟人询问，你对自己想去的城镇了解得越多、越详细，就越有好处。当你准备到劳动力市场找工作时，必须知道都需要履行哪些手续，需要你出示哪些证件，如果手续过于简单，就要谨慎对待。重要的是要了解为你服务的中介机构是否合法，可以通过观察他们出示的各种证明、营业执照和办公地点等，来识别这是不是合法机构。对每一个招聘广告都要反复审视。一个真实的招工广告一定都注明：用工单位的名称、地点、名额、工种条件、基本报酬等。如果用人单位名称、地点不详，招聘名额过多或过少，条件不明，报酬过高等，对此类广告就要慎重对待。即使你接到录用通知也不要高兴过早，应该到用工单位进行实地考察，看该单位的情况是不是与你先前所知道的相符，从侧面了解该单位的合法性，从事什么生产或经营活动，如果发现有疑点，就不要轻易地去该单位工作。

（九）怎样通过电视、报纸、广播了解招工信息

电视是当代社会各类信息最有效的传播渠道。凡是拥有电视机或有看电视机会的人，都能比较直观地获得各种信息。各用人单位在招工时，一般多会采用招聘广告、招工启事、招工通知等形式，在电视屏幕上进行发布。通过电视屏幕播放招工信息，具有快速、直接、覆盖面宽广等优点。特别是在收视率高的时间段里放送，宣传效果相当理想。但是，农民工在找工作的时候，该怎样来利用电视屏幕收集招工信息呢？对此，你要把握两点：第一，要针对电视节目直观的特点，在认真听播音的同时，仔细看清其中每个字的确切含义，以求加深印象；第二，在手头放一支笔，发现重点，迅速记下来，如工作单位的名称、联系电话、报名日期、报名地点等。尽量多记，至少要记住报名地点和联系电话。

广播是当今社会信息传播的重要渠道，优点是简捷、普遍和广泛，并且能传播到偏远的山区。利用广播渠道了解招工信息的方法，与利用电视的方法基本相同。区别在于广播的不可视性，人们对招工信息失去直接认读的机会，从而难以记住更多的内容。所以，当你在收听广播中的招工信息时，请你"洗耳恭听"，并要迅速记住报名地点和联系电话。最起码要记住联系电话，以便进一步咨询。

报纸传递的招工信息，尽管在速度上可能会稍慢于广播、电视，但具有信息全面、可靠和持久等特点，是广播、电视所难以比拟的。因此，报纸是我们获得招工信息的重要渠道之一。报纸

上的信息，往往能够比较全面地介绍用人单位招工。因此，一旦发现了载有适合你从事的工作的报纸，请你设法收集，以便仔细阅读分析其中的情况和直接持报纸到用人单位去报名。

（十）如何挑选招工信息

刚刚进入城市的农民工可能都会觉得很茫然：这么大的城市怎么去找工作？其实，现代城市社会是个典型的信息社会，每时每刻都在为你提供着五花八门的用人单位招聘信息。

我们了解各式各样的就业信息，可通过电视、广播、报刊等大众传播媒介，眼花缭乱的招聘会、劳动力供需见面会，各种职业介绍机构、劳动中介机构等途径。面对大量信息，如何处理和甄别呢？

首先，要对各类信息进行分类整理，明确各类信息机构的服务对象和对你所能提供的帮助。面对大学生、研究生的供需见面会，显然不适合进城找工作的农村青年，以家政服务为主要内容的劳动力市场也只适合女性打工者。经过分类比较，把那些不适合你的信息剔除，然后把剩余的有用的就业信息按一定顺序排列。

其次，要甄别各类就业信息的价值和可信性。一般报刊、广播、电视提供的就业和用人信息是真实的，但也要防止就业信息中的"陷阱"。要甄别信息的价值，重要的是要看发布信息的机构是否是正规的，所发布的内容是否详细，有无时间限制，对应聘者的要求是否明确等。有些广告为了敛财，用语含糊其辞，让报名者邮寄报名费，结果往往是石沉大海。对于各类就业信息，一定要提高警惕，更不能轻易相信街头散发或张帖在墙壁上的小广告。

就业信息是找工作的基础，你掌握的信息越广泛，信息质量越高，就越有适应城市就业和生活的主动权。因此，就业信息的收集要全面、系统，要注意信息变化，要提高对信息的鉴别能力。这无论是对初次进城就业，还是已经就业需要转换职业的人，都是十分重要的。

（十一）怎样求职受欢迎

1. 不过分挑剔

在市场经济条件下，人们对职业岗位进行选择是必要的。因为市场本身就意味着多种选择，但是任何选择都是有条件和受限制的。人们挑选工作岗位亦是这样，即不应对职业、工作岗位和工作条件拈轻怕重、挑肥拣瘦。就中国目前的就业状况来看，在较高的失业率中常常隐含着一种"有人没事干，有活没人干"的现象。其实，好多求职者不明白的道理是，世界上不少成功人士，最初从事的工作都是相当辛苦的。例如，日本松下电器集团的创始人松下幸之助，最初找到的工作是替人推销自行车和水泥装卸工。菲律宾的大富豪郑周敏最初找到的工作是卖鱼。一个人，特别是一个青年人，在初次找工作时过分挑剔，绝对是一种误区。世界上的工作种类太多了，你不可能将什么工作都干一遍。更何况，一种工作到底适合不适合你做，只有干起来，坚持一段时间之后，才能弄清楚。就业实践证明，在求职时不挑肥拣瘦的人，往往容易找到工作。因为这些求职者，既受职业介绍机构的欢迎，又受用人单位的喜爱。

2. 拥有多种职业技能

一种技能就是一条就业门路。技能是社会需要。实践证明，一个人拥有的技能越多、越精，他被社会需要的范围和机会就越大。因此，拥有多种职业技能的人容易推荐出去，介绍成交率高，当然会受到职业介绍机构的欢迎。

3. 善解人意

职业介绍机构，一头连着用人单位，一头连着求职择业者，责任重大，而难于协调。由于职业介绍工作的复杂性，使其面临很多不同的用人单位和不同的求职者，往往难以面面俱到、人人满意。相对于求职者而言，有时需要多次介绍才能成功。所以，到职业介绍机构找工作的人，对此应充分理解，切不可稍有不满就发牢骚，让职业介绍机构工作人员感到你很难缠，那样他们就会积极性大减。

4. 接受忠告

到职业介绍机构找工作，对于很多求职者往往是第一次，在很多事情上缺乏经验，更需要得到阅历丰富、有经验人的参谋和指点。现在不少职业介绍机构内，都设有专职或兼职的职业指导员、助理职业指导师等，专门为求职者出主意、想办法。他们大都受过专门的正规训练，当你遇到疑惑的问题时，向他们求教和咨询，大多能有一个满意的结果。

5. 求职执着

当进城找工作时，在职业介绍机构内一次求职不成，就打退堂鼓，不再到职业介绍机构去求职，这不仅是一种不明智的行为，而且还是一种消极心理。与此相反，那些求职执着、百折不挠的人，一般的结果都会好于那些经不起挫折、易于灰心的人。

6. 主动配合

职业介绍是一种中介行为，中介的成功，往往离不开双方的配合。没有双方的主动配合，任何中介都难以取得良好的效果。比如，按职业介绍机构的要求，如实提供有关证件，准时参加考核、面试，不提出无理要求，不节外生枝等，都属于主动配合的行为。求职者的积极配合，不仅会使自己顺利地找到工作，而且会提高职业介绍机构的工作效率，一般都会受到职业介绍机构的欢迎。

（十二）怎样做才能面试成功

1. 面试前的准备工作

在找工作的过程中，无论找什么工作，都会经过面试这一关。面试就是在用人单位初步审查后安排的面对面谈话，对方会向你提出一些问题，根据你的回答和对你的印象决定是否录用。面试之所以重要，在于它既让你有了直接与招聘者面对面的接触机会，又有利于你对用人单位的了解。通过面试，用人单位可以了解你的人品、能力，是决定是否录用的依据。通过面试交谈，也可以帮助你了解这份工作的工作环境、气氛、工作条件、待遇，了解老板的人格与品质，是你决定是否来该单位工作的依据，所以必须要重视面试。面试前应做好思想准备和行动准备。

（1）思想准备：有失败的心理准备。如果面试成功了那自然是好事，不成功也不能灰心丧气，千万不要因为一次失败就失去信心和勇气。要总结经验教训，认识到面试失败你并没有失去什么，而是为下一次面试积累了经验。你应该充满自信地参加下一次面试，在面试时充满自信不仅可以鼓舞自己，也会感染他人，这对找到工作是有帮助的。

要珍惜工作机会。找一份工作并不容易，进城就业不能理想化，要用一种平和的心态对待就业问题。即使找到一份不理想的工作、艰苦的工作，也不能嫌弃它，而应该以"干一行，爱一行"的事业心和责任感把工作做好，因为它是你以后工作的基础。

（2）行动准备：了解你应聘单位的具体情况，如单位的地点、环境、员工待遇、主要负责人等。因为这些将成为面试时的共同话题，如果在面试时招工负责人发现你对这些情况很清楚，就会减少了陌生感，增加亲密感。

了解你所要应聘工作的性质和特点。这样，面试时你才能根据工作性质和特点，有针对性地向招聘者阐述你的能力和特长，让别人相信你就是适合这份工作的最佳人选。

把个人的基本情况用文字写出来，即整理一份简历（或叫履历表）。比如，你的姓名、年龄、籍贯、性格、爱好、特长及工作经历等都填写清楚，做到简单明了。面试要取得好的效果，还需要事先多演练几次，避免面试时因为紧张或其他原因而出现失误。

2. 面试时的注意事项

（1）遵守时间：面试时不能迟到，在现代社会，时间在某种意义上讲比金钱还要重要，守时是现代人的突出品质，城市与农村一个重要的区别就是具有强烈的时间观念。如果求职者迟到，首先会使对方认为你缺乏时间观念，缺乏诚信。其次也会让你自己处于被动、尴尬的位置，导致面试的失败。

（2）穿着整洁：外表对招聘者第一印象的形成具有十分重要的作用。因此，你的穿着一定要整洁，不要给对方留下邋遢、不讲卫生的印象，试想一个连自己外表都收拾不好的人，怎能干好工作呢？

（3）注重礼节：言谈举止要有分寸，做到举止大方适度，不能坐没坐相，站没站相。打招呼时要用礼貌用语，称呼要得体，即使别人说错了话也不能嘲笑别人。不能随便打断别人的谈话，也不要乱动面试现场的办公设施，以免引起他人的反感。同时，必须注意克服一些不良习惯，如吸烟、随地吐痰等。

（4）实事求是：能力是胜任职业的资本，展示能力时要用事实说话，不能夸大其辞。如果是熟人推荐的，面试时也不要反复提及那个人的名字，因为能否胜任工作不在于关系，而在于自身的能力。

（5）单独前往：如果你找人陪你到面试现场，会因为有人陪同而让招聘者感到别扭，干扰面谈计划。更重要的是，有可能被人认为你是一个独立性不强、缺乏自信的人。如果你一定要在亲友带领下参加面试，也要让他们在外面等你，不要进入面试现场。

3. 面试时的交谈技巧

面试场上你的语言表达艺术，标志着你的成熟程度和综合素养。对求职应试者来说，掌握语言表达的技巧无疑是重要的。那么，面试中应怎样恰当地运用谈话技巧呢？

（1）口齿清晰，语言流利，文雅大方：交谈时要注意发音准确、吐字清晰，还要注意控制说话的速度，以免磕磕绊绊，影响语言的流畅。为了增添语言的魅力，应注意修辞的美妙，忌用口头禅，更不能有不文明的语言。

（2）语气平和，语调恰当，音量适中：面试时要注意语言、语调、语气的正确运用。语气是指说话的口气，语调则是指语音的高低轻重。打招呼问候时宜用上语调，加重语气并带拖音，以引起对方的注意。自我介绍时，最好多用平缓的陈述语气，不宜使用感叹语气或祈使句。声音过大令人厌烦，声音过小则难以听清。音量的大小要根据面试现场情况而定。两人面谈且距离较近时声音不宜过大，群体面试而且场地开阔时声音不宜过小，以每个招聘者都能听清你的讲话为原则。

（3）语言要含蓄、机智、幽默：说话时除了表达清晰以外，适当时可以插进幽默的语言，增加轻松愉快的气氛，也会展示自己的优越气质和从容风度。尤其是当遇到难以回答的问题时，机智幽默的语言会显示自己的聪明智慧，能化险为夷，并给人以良好的印象。

（4）注意听者的反应：求职面试不同于演讲，而是更接近于一般的交谈。交谈中，应随时注意听者的反应。比如，听者心不在焉，可能表示他对自己这段话没有兴趣，你得设法转移话题；侧耳倾听，可能说明由于自己音量过小而使对方难于听清；皱眉、摆头可能表示自己言语有不当之处。根据对方的这些反应，就要适时地调整自己的语言、语调、语气、音量、修辞，包括陈述内容，这样才能取得良好的面试效果。

4. 面试时的自我介绍

在一般的面试过程中，往往少不了自我介绍。自我介绍是很重要的，因为这是招聘者认识你的第一步。自我介绍的目的，是使招聘者在心理能够接受你，能够有一个初步的好感。为了达到这个目的，以下两点必须注意：

（1）用热情、诚恳的态度做自我介绍。特别是当你第一次与招聘者沟通时，态度一定要庄重，切忌轻浮。说话的口气、语言要表现出应有的热情，否则，会让对方感觉你难以接受。

心理研究指出：当你要表示渴望结识对方时，或者期望对方喜欢自己时，一定要首先向对方表示热情和诚恳，不热情、不诚恳的态度对方都会有所感觉。任何人都会为自己得到别人的热情和诚恳的对待感到欣慰。事实证明，采取这种方式的自我介绍者，一般都能得到对方积极的回应。

（2）做自我介绍时要表现得不卑不亢。在向面试主持人做自我介绍时，不管你说什么、做什么，都一定要不卑不亢。必须明白的是，热情不等于低三下四，诚恳不等于信口开河，庄重不等于自命清高。

（十三）自主创业有条件

农民进城就业，可以在各用人单位寻找工作，也可以从事个体工商经营和开办企业，自主创业。经核准成为个体工商户的，可以在国家法律和政策允许的范围内，经营工业、手工业、建筑业、交通运输业、商业、餐饮业、服务业、修理业及其他行业。自主创业需要具备一定的条件：

1. 财力

要有必要的资金。从事个体经营，必须具备一定的资金实力，用于购买必要的设施、工具等。财力包括固定资金和流动资金。固定资金用于购买置办厂房、店铺等固定资产，流动资金用于购买货物等。如做个体零售，进货的资金就属于流动资金。

2. 场地

除了流动摊商和流动的手工业者之外，个体经营都要有一个固定的经营场所，如厂房、店铺、门面等。

3. 物力

具备从事相关个体经营的基本设施和工具，如餐饮经营要具备厨具、碗筷、桌椅等，个体零售要有货架等等。

4. 人力

无论是做老板，还是做员工，都必须是年满 16 周岁，具备独立进行民事行为的能力。除此之外，有一定的管理能力和经营能力，身体健康条件与职业要求相适应，如从事个体餐饮经营，

新型职业农民技能培训丛书

务工与劳动保护常识

就需要身体健康，没有传染病等等。

另外，从事个体工商经营或开办私营企业，要注意按照规定到工商部门注册登记，接受审查和考核。领取营业执照开始营业后一定要照章纳税，偷税漏税会受到非常严厉的处罚。

三、怎样做好工作

（一）如何做一名合格的员工

在就业竞争异常激烈的今天，找到一份工作固然不容易，要保住一份工作则更难，不少人费了九牛二虎之力，好不容易找到一份工作，可是没有多久又失去了工作。究其原因，大都是因为没有成为合格的员工。那么怎样才能做一个合格的员工呢？下列几点可能会对你有帮助：

1. 工作认真负责

这是成为一名合格员工的首要条件。对于自己的本职工作一定要力求完美、尽职尽责，不能马马虎虎、随随便便、应付了事。

2. 要有强烈的上进心

仅仅满足于把自己份内的事情做好是不够的，应该有更高的追求和更远大的理想。如果一个人没有上进心，不思进取，在竞争中就会处于劣势，最终被淘汰。

3. 积极参加本职工作以外的活动

在做好本职工作的基础上，要积极参加单位的其他活动，包括公益劳动、文艺活动、志愿服务等。这些活动不仅体现一个人的思想素养和对生活的态度，也给周围的其他人带来愉快和欢乐，赢得其他员工的好感和赏识。

4. 不做不受欢迎的人

实践证明，下列五种人不受用人单位欢迎：傲慢的人，缺乏自信的人，感情用事的人，教条的人，虚伪的人。如果你身上或多或少有这些毛病，就要努力改掉它。

5. 正确处理与他人的关系

在工作上，尽量不要因为自己的利益得失而同其他同事斤斤计较；不要随便议论别人；与同事一起合作时，遇到观点不同时，应当面提出建议性的意见，尽可能不否定对方；与同事朋友要和睦相处，但不能搞"小团体"。

6. 正确处理与上司的关系

处理好同上司的关系是门艺术。重要的是要学会不卑不亢，即对上司不能一味逢迎，要勇于坚持己见，但不固执。不要受人欺负，当自己的利益明显受到伤害时，要敢于说不。在他人的眼里，你应该是个有思想、有见解、善解人意的人。

（二）干好本职工作的重要性

1. 安心工作莫自卑

做好本职工作，是对每一个从业者的基本要求。对于刚刚找到工作的农民工，走进工作单位后，首先要安下心来，塌心干工作。城市就业竞争十分激烈，找到一份工作很不容易，要珍惜就业机会，专心致志地投入工作。切忌"这山望着那山高"，这里工作还未熟悉，又想再换个单位。要克服自卑心理，树立自信心。城里人可以做好的事情，进城打工就业人员同样可以做好。要抛弃自感低人一等的心态，勇于面对困难，充满自信地迎接新的工作挑战。要尽快熟悉本职工作，在工作中边干边学，细心观察，多想多问，虚心求教，积累经验。只要做个有心人，善于学习，就能很快掌握工作要领，圆满完成工作任务。

2．爱岗敬业是前提

爱岗敬业是一个从业者做好本职工作的重要前提。进城就业农民工无论从事什么职业、什么工种的工作，爱岗敬业都是最可贵的职业品德。爱岗就是热爱自己的本职工作，能够为做好本职工作尽心尽力。敬业就是用一种恭敬严肃的态度来对待自己的职业，对自己的工作专心、认真、负责。爱岗敬业，要树立"干一行，爱一行"的思想。"三百六十行，行行出状元"，每个行业都是服务社会的途径，每个岗位都是个人发展的起点。

3．树立职业责任意识

要以高度的责任心对待工作，自觉追求高标准、高质量地完成工作任务。要刻苦钻研和熟练掌握做好本职业工作必备的专业知识技能，不断提高职业能力，成为高素质的劳动者。爱岗敬业要贯穿于工作的每一天。随着社会的发展，一个人一生可能会有很多次的岗位变动。然而，无论在什么岗位上，只要在岗一天，就应当认真负责地工作一天。只有全身心地投入到工作中去，才能真正感受到工作的快乐。

4．诚实守信是底线

诚实守信是做人之本，也是从业之本。诚实就是一个人在社会交往中能忠实于事物的本来面貌，不歪曲篡改事实，不隐瞒自己的真实想法，不说谎，不作假，不欺骗别人。守信就是讲信用，讲信誉，信守诺言，答应了别人的事一定要去做。在职业活动中，诚实守信是做人的底线，它的基本要求是：诚实劳动，以诚实有效的劳动付出，获取自己应得的回报；诚实经营，不做不守信用、蒙骗欺诈的事；信守合同，不无故违背合同的约定。一个人只有诚实守信，才能赢得他人的尊重和社会的认可。

5. 团结协作重沟通

每个从业者都在一个集体中按照分工进行工作，进城就业的农民也是如此。一个人不管做的事有多大，在工作中都需要别人的帮助与合作。团结协作是做好本职工作的重要保证。要与同事建立良好的协作关系，就要注意沟通。要与同事经常进行思想与情况交流，工作中有不同意见，也要开诚布公地讲出来，建立彼此信任的人际关系。要多体谅他人的想法和体验，尊重他人的决定和行为，工作伙伴间发生矛盾要正确处理。学会取长补短，以他人之长，补自己之短，才能更快进步，也才能在同事间建立起更加和谐的关系。

（三）不断提高自己的工作能力

农民工进城就业后，无论从事哪一种行业，只要在工作中不断提高工作能力，都会受到企业的欢迎。不论从哪个角度看，不断提高自己工作能力的人，对自己有益，对企业有利，从而会得到领导的重视，实现进城就业的最终目的。提高工作能力需要从多方面努力，首先要虚心向老职工学习，老职工有丰富的实践经验，通过他们的"传、帮、带"，可以进步得更快，在工作中应以真诚的态度，虚心向他们学习。看——就是认真观察各类师傅们怎样操作；问——就是要善于发现问题，并要不懂就问，直至弄懂学会；做——在看和问的基础上，在内行人士的指导下，循序渐进地实施操作，并做到日益进步和日臻完善。要根据目前和今后工作需要，努力学习和掌握职业知识和技能。随着科学技术的进步，新设备、新工艺、新方法不断涌现，职业技能也在不断发展，提高职业技能是一项长期、持续的任务。

学习、掌握和提高职业技能有多种途径，如参加职业技术培训，系统学习适合自己的各级、各类职业知识和技术，特别是要参加新技术、新工艺的培训，更新自己的职业知识，掌握新的操作方法，在实践中增长才干。职业知识和技术与实际操作要紧密结合，只有在实际工作中勤学苦练，才能熟练掌握。提高了员工的工作能力，才能提高企业的经济效益。所以，现代企业的老板大都会采取各种措施，对员工进行各种必要的技能培训。作为一名员工，你应该积极地去争取这种参加培训的机会。培训往往可以"画龙点睛"和"点石成金"，往往能在较短的时间内，使你的理论和操作水平得到提升。最后，收集资料，自我揣摩。在向他人学习的基础上，注意认真、广泛地收集有关专业技能的各类资料，比如，做笔记、建立相关业务的数据库等。在收集资料的过程中，不知不觉就进行了自我揣摩，就会产生新的发现、新的创意。这样，你的工作能力会产生一个新的飞跃。

（四）遵纪守法、爱企如家、谦虚做人

在现代社会，企业要想生存、发展壮大，全体员工的法制观念和守法自觉性往往起着至关重要的作用。一个企业中，违法乱纪的人和事越多，就越说明这个企业的老板素质低下、治企无方，预示着这个企业的生存面临危机。因此，任何一个企业的老板，都怕员工不守法，对于那些影响企业形象、损害企业利益的违法乱纪者，老板多会毫不犹豫地开除。所以，有较强的法制观念，能够自觉遵纪守法的员工，肯定会受到企业的欢迎。

员工可从以下5个方面做起：热爱本职工作，干一行，爱一行，钻一行，并不断取得工作成绩。爱护企业财物，精心维护工具设备。精打细算，不浪费任何原材料。发现隐患，及时向老板提出合理化建议。以良好的职业道德，处处注意树立优秀的员工

形象。

"虚心使人进步，骄傲使人落后"，这不仅是治学的准则，而且也是在工作中做人的准则。表现自己聪明和才干的高明手法不是别的，而是谦虚。在现实中，那些傲慢、虚荣心强的人，都在工作中遭受了不同程度的损失。相反，那些在做事谦虚，不骄、不躁，并且把谦虚的态度运用得恰到好处的人，才能取得老板的信任，进一步提升自己在工作中的地位。因此，在工作中要注意实事求是，不可自我夸耀、自我吹捧。让老板认为你是一个言过其实、态度傲慢的人，那样就得不偿失、后悔已晚。

（五）不能泄漏公司的业务机密

业务机密，即商业情报。日本在战后经过短短半个多世纪，就能从战败国的废墟上迅速崛起，其中一条重要经验就是广泛收集工业、商业情报，大量了解和掌握各种商业机密。据资料，日本经济资本的54%是靠收集商业情报获得的。相反，世界上一些大企业因商业机密泄露，而导致破产倒闭的现象也是屡见不鲜。比如，美国有一家专门生产抗生素的企业，由于其中一名雇员为了获得一笔巨额报酬，偷偷把有关保密资料寄给意大利的制药企业，致使他所在的公司付出了1 200万美元的惨重代价。不难看出，泄露企业业务机密，给企业造成的危害多么严重。

作为一名员工，严守企业的业务机密，既是一个职业道德问题，又是一个法律常识问题。一旦由于员工泄密而对企业造成巨大损失者，企业将会依法追究泄密者的侵权行为。如果出现这样的结局，那么，任何一个泄密者都可能得不偿失、后悔终生。

因此，建议你在工作之后，千万注意，只要不是老板要求你大力宣传的事情，有关企业的生产规模、经营状况、成本核算、销售手段、生产流程、科技动态及新产品投放市场的时间等商业机密，都要守口如瓶。

（六）正确对待领导批评

在现实生活中，有不少人常常经不起领导的批评。在受到领导批评时，要么泄气，要么抵触，这些都是错误的行为。一般劳动者在初次就业上岗的时候，由于业务生疏、技能水平不高，上司领导可能偏多地给予指正和批评，这种现象是正常的。没有这种批评和指责，在工作中就难以提高技能和素质，企业难以提升经济效益。事实证明，正确的、严肃的、诚恳的批评，不仅不会使你丧失什么，相反，会使你不断进步和成熟起来。从另一个角度看，当领导在批评你时，等于他把自己的经验和智慧无私地、无偿地传授给了你。基于上述认识，建议各位农民工朋友，在工作中不仅要学会坦然面对任何批评，并且对领导的批评抱有一种感激之情。要经常主动地请领导检查自己的工作，批评自己的不足，借此不断改进工作方法，提升能力，做出成绩。

（七）什么情况下可以换工作

我们主张珍惜每一份工作，因为找一份工作实在不容易，但并不是不能换工作。随着社会的发展和用工制度的改革，劳动力的流动和职业的转换已经不是什么新鲜事了，适时变换工作单位或工作内容是适应城镇生活的重要方面。

1. 对现有的工作条件、工作环境不适应

当你的工作条件过于恶劣、危险性大，或人际关系过于复杂，对你的身心产生不良的影响，那么就该及时将这份工作辞掉，换一个更适合你的工作。

2. 付出与回报不成比例

当你认认真真地将本职工作做得很出色，却没有拿到相应的报酬，并且这种现状又无法改变时，就应该考虑到另外的单位谋一份待遇合理的工作。

3. 该工作没有前途

如果你现在从事的行业、职业或岗位正在衰落，没有发展前景或面临倒闭，你不要勉强干下去，要另谋一个有利于自己发展的工作。

4. 违法的工作

如果你发现所做的工作是与国家相关法律、法规相违背，就要果断地停止工作，想办法及时脱离这样的工作单位和工作关系，必要时可以向有关部门举报，请他们帮助你摆脱困境。

5. 素质的变化

许多进城务工的农民在参加工作后，积极主动地学习文化知识，掌握现代科技，迅速提高了自身的素质。原有的简单工作已经不适应自己继续发展的需要，而且又有从事更高级工作的可能，这时就需要换工作。

6. 个人职业兴趣的变化

在城镇工作、生活过程中，你的知识、技能、兴趣可能会发生变化。当你的兴趣与现在所从事的工作不符时，不妨换一份感兴趣的工作。

7. 年龄的变化

原来可以从事的一些重体力劳动，随着年龄的增长、体质的变化，就会变得越来越不适应，如果勉强做下去会严重影响身体健康。这种情况下，你也要考虑适时转换工作。

（八）换工作时需要注意的问题

换工作不能随心所欲，一定要慎重对待。

1. 要看劳动合同是否到期

参加工作之后都要签订劳动合同，如果合同约定工作 1 年，你只工作了半年就要辞职，一般要承担一定的责任，如缴纳违约金等。这些都会在合同中规定。

2. 不能好逸恶劳

任何工作都有其有利和不利的一面。如果只看到现有工作的困难之处，一心想换份轻松的、待遇高的工作，恐怕永远也不能如愿以偿，结果往往是既丢了已有工作，又找不到新工作。

3. 不能唯利是图

如果把追求高收入作为换工作的唯一目标，忽视自身条件和进一步发展的需要，以牺牲自己的长远利益换取眼前暂时的利益，同样是得不偿失。

4. 不能随波逐流

不要因为看到某一行业非常热门，就随大流、凑热闹，纷纷选择这种工作。频繁转换职业的结果，往往是新技术没学会，原有的知识、技能也被荒废了。

5. 不能好高骛远

换工作前先认真衡量一下自己的能力，看看自己是不是真的已达到换一份更好工作的水平，否则，就不要轻易转换工作，即使得到了新工作也不能保住。

6. 不能感情用事

不能由着自己的性子，因为一点小事、一点小矛盾就将已经熟悉的工作轻易放弃，那样对自己是个损失。

四、签订劳动合同

（一）签订劳动合同的重要性

《劳动法》第 16 条规定，劳动合同是劳动者与用人单位确立劳动关系、明确双方权利和义务的协议。建立劳动关系应当订立劳动合同。劳动部《关于贯彻执行〈中华人民共和国劳动法〉若干问题的意见》规定，用人单位与劳动者签订劳动合同时，劳动合同可以由用人单位拟定，也可以由双方当事人共同拟定，但劳动合同必须经双方当事人协商一致后才能签订，职工被迫签订的劳动合同或未经协商一致签订的劳动合同为无效劳动合同。

在现实工作中，劳动合同保护的是劳资双方的合法权益。不签订劳动合同，一旦发生劳动争议，用人单位和员工本人都要遭受一定的不必要损失。在实际情况中，不签订劳动合同，吃亏最大的往往不是老板，而是劳动者本人。劳动合同是农民工的"护身符"，没有劳动合同，一旦自身的合法权益受到侵害，将给自身维权带来诸多不便。因此，在外就业的农民工，务必要高度重视劳动合同对自身利益的保护作用，在上岗工作之前，一定要与用人单位签订劳动合同。

（二）签订劳动合同的先决条件

1．不了解的用人单位的合同不签

劳动者要想顺利的找到工作，就必须对用人单位进行基本的了解。在打工时，和自己不了解的用人单位签订劳动合同，显然是不明智的。因此，没有对用人单位的基本了解，决不要贸然与其签订劳动合同。

2．不了解相关法律、法规不签劳动合同

在与有关行业的有关用人单位签订劳动合同时，应对相关的法律、法规进行重点了解，特别是对国家《劳动法》的相关条款，以免签订不合法律、法规的合同。

3．不理解的劳动合同不要签订

当你拿到一份劳动合同之后，至少要阅读3遍，不理解的内容、不明白的问题，都必须全面理解和弄明白。

合同不同于其他事情，做错了可以重来，一旦签订即会产生法律作用。所以签订劳动合同，一定要在完全弄清其中每一条款，特别是关键条款的确切含义之后，方可签订。

（三）劳动合同的法律效力

劳动合同的法律效力主要表现在：一是劳动合同一经依法订立就具有法律效力，当事人双方必须履行劳动合同所规定的义务，任何一方不得任意变更或解除。二是任何一方违反劳动合同，必须承担相应的法律责任。所谓违反劳动合同的法律责任，是指劳动合同当事人的一方因过错致使劳动合同不能履行，或者不能完全履行时所应承担的责任。

（四）劳动合同应具备哪些必备条款

劳动者在与用人单位签订劳动合同时，应该首先围绕《劳动法》中规定的劳动合同必须具备的条款进行协商，然后再协商约定其他条款。劳动合同必须具备以下条款：

1. 劳动合同的期限

劳动合同期限是指劳动合同起始至终止的时间，或者说是劳动合同具有法律约束力的时段。劳动合同具有法律约束力的生效时间，一般为劳动合同双方的签字时间，终止时间为合同期限届满或当事人双方约定的终止条件的时间。主要分为固定期限、无固定期限和以完成一定的工作为期限几种。除此之外，初次签订的劳动合同还可根据期限长短，设定最长不超过 6 个月的试用期。

2. 工作内容

工作内容是劳动法律关系所指向的对象，即劳动者具体从事什么种类或什么内容的劳动。劳动合同中的工作内容条款，可以说是劳动合同的核心条款之一，它是用人单位使用劳动者的目的，也是劳动者通过自己的劳动取得劳动报酬的原因，因此是必不可少的。劳动合同的工作条款一般要求规定得明确具体，便于遵照执行。主要包括劳动者的工作岗位，该岗位应完成的生产任务、工作地点。

3. 劳动保护和劳动条件

劳动条件是指用人单位对劳动者从事某项劳动提供的保护条件，包括劳动保护条件和其他劳动条件。劳动保护条件是指用人单位为了防止劳动过程中的事故，减少职业病害，保障劳动者生命安全和健康，而采取的各种措施。其他劳动条件是指用人单位为使劳动者顺利完成劳动合同约定的工作任务，为劳动者提供的必要的物质和技术条件。主要包括用人单位根据国家规定，为劳动者提供各项劳动安全和卫生方面的保护措施及基本设施，如对女职工的劳动保护等。

4. 劳动报酬

必须明确劳动者的工资、奖金和津贴的数额和计发办法。劳动力市场就是劳动和货币的交换，由此引发的争议也最多。

5. 劳动纪律

这是劳动者在共同劳动过程中所必须遵守的劳动规则和秩序。它是每个劳动者按照规定时间、质量、程序和方法，完成自己所承担生产任务的行为规则。主要包括用人单位的规章制度和员工守则及其执行程序等。劳动合同不可能面面俱到，用人单位会根据自身的情况，量身制作适合企业情况的制度。

6. 劳动合同终止的条件

即除了期限以外其他由当事人约定的特定法律事实，这些事实一出现，双方当事人间的权利义务关系终止。

7. 违反劳动合同的责任

是指违反劳动合同约定的各项义务所应承担的责任。为了保证劳动合同的履行，必须在劳动合同中约定有关违反劳动合同的责任条款，包括在一方当事人不履行或不完全履行劳动合同，违反法定和约定条件解除劳动合同应承担的法律责任。

劳动合同的内容除以上必备条款外，劳动者与用人单位还可以在法律、法规允许的范围内，协商约定其他内容作为劳动合同的约定条款，如试用期限、商业秘密的保护和补充保险、福利待遇等。

（五）签订合同时的注意事项

对于进城就业的农民工而言，签订劳动合同是维护自身合法权益的重要手段，因此，农民工作为一名劳动者签订劳动合同时应注意以下几个方面：

1. 签订劳动合同要遵循平等、自愿、协商一致的原则

平等自愿是指劳动合同双方地位平等，应以平等身份签订劳动合同。自愿是指签订劳动合同完全出于本人的意愿，不得采取欺诈、胁迫等手段签订劳动合同。协商一致是指劳动合同的条款必须由双方协商达成一致意见后，才能签订劳动合同。

2. 签订劳动合同要符合法律、行政法规的规定

在签订合同前，双方一定要认真审视每一项条款，就权利、义务及有关内容达成一致意见，并且严格按照法律、法规的规定，签订合法有效的劳动合同。

3. 劳动合同应当以书面形式签订

一些农民工从事的是非全日制工作，根据劳动保障部《关于非全日制用工若干问题的意见》，从事非全日制工作的人员，劳动合同期限在 1 个月以下的，经双方协商同意，可以订立口头劳动合同。但劳动者提出订立书面劳动合同的，应当以书面形式订立。也就是说，不管用工期限有多长，农民工都有权提出签订书面合同。同时，非全日制劳动合同应包括工作时间和期限、工作内容、劳动报酬、劳动保护和劳动条件五项必备条款。

4. 既要依据法律、行政法规，又要结合实际

签订劳动合同偏离法律、行政法规，可能产生无效合同，但又不能千篇一律地照抄法律、行政法规，而必须结合实际情况，特别要注意法律、行政法规规定的留有余地的地方。如对于《劳

动法》规定的每日工作时间不超过 8 小时，平均每周工作时间不超过 40 小时的工作制度，只要每天工作不超过 8 小时，工作时间究竟为几小时，双方当事人都可以协商。这就是正确运用法律、行政法规留有余地的一种情况。

5. 合同内容可简可繁

劳动合同签订时要因人、因地、因事而异。简，即容易记忆，便于签订，商量余地大，但条款过于简单、原则，容易产生认识和理解上的分歧和矛盾，而带来不利影响。繁，就是合同的内容详细、周全。

6. 合同的语言表达要明确、易懂

依法签订的劳动合同是受法律保护的，涉及当事人的权利、责任和利益，能够产生一定的法律后果。因此，签订劳动合同时，在语言表达和用词上必须通俗易懂，尽量写明确，以免发生争议。

7. 禁止用人单位收取招聘费用等不合理收费

根据劳动和社会保障部《劳动力市场管理规定》，禁止用人单位在招用人员时，向求职者收取招聘费用，向被录用人员收取保证金或抵押金，扣压被录用人员的身份证，以及以招用人员为名牟取不正当利益或进行其他违法活动。农民工在订立劳动合同时如遇到这样的情况，可以向劳动保障行政部门举报投诉。

8. 劳动合同至少一式两份，双方各执一份，农民工应妥善保管

如果用人单位事先起草了劳动合同文本，农民工在签字时一定要慎重，对文本仔细推敲，发现条款表述不清、概念模糊的，及时要求用人单位进行说明修订。为稳妥起见，农民工在签订劳动合同前，也可以向有关部门或公共职业介绍所进行咨询，确认

合同内容的合法性、公平性。

（六）为什么要认真签订劳动合同

许多进城务工人员在找工作时多数不签订劳动合同，而只是口头约定报酬，即使个别建立了劳动合同的也大多是无效合同，一旦黑心老板抵赖，进城务工人员空口无凭，也只能吃"哑巴亏"。因此，在找到工作建立劳动关系后，必须签订劳动合同，劳动合同是劳动者与用人单位确立劳动关系、明确双方权利和义务的协议。劳动者与用人单位之间的劳动关系涉及很多方面，比如：干什么活，有什么技术要求，干多长时间，工资怎么算，劳动条件怎么样，劳动保护怎么样，有哪些劳动纪律等等。这些问题都要在事先由双方商量好并签下合同，以后才能按合同办事。合同一经签订，就具有了法律效力。签订劳动合同有三方面的作用：一是保护劳动者和用人单位双方的利益；二是明确劳动者与用人单位之间的雇佣关系；三是在发生劳动争议时是有效的法律依据。

农民工作为劳动者，往往没有法律意识，盲目签字，导致合同条款不完备，缺少对工资发放、医疗保险、劳动安全、工作时间和休息休假的规定，甚至没有注意合同中有关于扣风险抵押金、加班不给钱等侵害自身利益的条款。因此，在签订合同时不要急于求成，一定要认真看清合同的每一条条款后再签字。

1. 劳动者在劳动合同上盖章签字的重要性

劳动合同上，通常都有双方当事人的签名和印鉴。其目的是为了确认合同的内容和宣示双方遵守合同条款的承诺。大家都知道，从古至今，人们都把契约上的签名盖章或者留下指印，看得十分重要。没有当事人双方签名或盖章的契约、合同，往往表明双方没有对其进行认可，不会产生约束力。小到收据、发票、借条，大到司法业务、公正业务，无一不重视当事人双方的签名和盖章。因此，几乎所有的合同上，都毫无例外地要写上一句："本合同经双方盖章签字生效"。签字、盖章即生效是订立各类合同的一般规则。所以，劳动者必须高度重视在劳动合同上签名盖章。即若不是十分清楚和同意合同的内容，就不要急于在合同上签名盖章。

2. 用人单位该由谁在劳动合同上签字

按照惯例和法律常识，用人单位在劳动合同上签名或盖章的人，必须是这个企业的法人代表，即经理、厂长之类的老板本人。企业的副职，如副厂长、副经理均无权在劳动合同上签名。当然，如果企业法人代表不在或无法实施签名盖章时，由法人代表出具文字授权文书，副职或其他人才可代为签名。因此，当劳动者拿到一份劳动合同后，在签字之前，一定要认清对方在合同上签名盖章的是何人。

3. 劳动合同的公章

劳动合同上，用人单位须加盖公章才有效，而这个公章只能是该企业的办公用章或合同专用章。

4. 劳动者在劳动合同上的签名

在劳动合同上签署自己的姓名，标志着劳动合同的生效。因此，劳动者必须签上与自己身份证和户口本上相同的名字，不得签署假名、小名。字迹要清楚，易于辨认。

5. 在劳动合同上签字的顺序

一般在劳动合同上签字，只要双方都在场，无论用人单位，还是打工者，谁先在劳动合同上签字都不会影响劳动合同的法律效力。但是，为能较多地争得一些主动权，建议农民工朋友应主动要求或请用人单位先签，而后自己再签，这样显得既有礼貌，又留有余地。

（七）在试用期间是否签订劳动合同及试用期间的权利和义务

根据《劳动法》的规定，劳动者与用人单位建立劳动关系应当订立劳动合同，以明确双方的权利和义务。试用期是用人单位和劳动者为相互了解和选择，而约定的有一定期限的考察期。在试用期间，用人单位与劳动者的关系是不确定的。劳动合同可以不约定试用期，也可以约定试用期。农民工被用人单位录用后，农民工所在企业应根据上述规定签订劳动合同，双方可以在劳动合同中约定试用期，便于相互了解和选择。试用期最长不得超过6个月。劳动合同期限在6个月以下的，试用期不得超过15日；劳动合同期限在6个月以上1年以下的，试用期不得超过30日；劳动合同期限在1年以上、2年以下的，试用期不得超过60日。试用期包括在劳动合同期限中。非全日制劳动合同，不得约定试用期。一般在试用期间，劳动者的工资较低。

根据劳动合同，在试用期内农民工依法享有相应的权利，履行应尽的义务。主要包括：农民工有享受保险待遇的权利。用人单位应按月为农民工缴纳养老、失业等社会保险费用；农民工除获得劳动报酬外，还应享受与其他职工相同的保险福利待遇；用人单位如有违反法律法规及合同约定的行为并对农民工造成损害的，农民工有权依法获得赔偿；鉴于试用期是劳动合同双方当事人互相考察的过程，因此，农民工在试用期内可以随时提出解除劳动合同，终止劳动关系。农民工在试用期应遵守法律法规，遵守企业规章制度，完成合同约定的工作任务；农民工违反劳动合同的约定，并给用人单位造成损失的，应当依法赔偿；用人单位在试用期间发现农民工不符合录用条件或有违纪行为，可以随时提出解除劳动合同。试用期内发生劳动争议的，应依据《劳动法》和《企业劳动争议处理条例》等有关规定，通过协商、调解、仲裁或诉讼程序加以解决。

（八）没签劳动合同和劳动合同无效的情况

如果用人单位没有与劳动者签订劳动合同，劳动者应当直接向用人单位提出签订劳动合同的要求。如果用人单位有工会组织，劳动者也可以向工会反映情况，请工会出面向用人单位提出要求。如果用人单位执意不肯签订劳动合同，劳动者可以向用人单位所在地区的劳动行政部门反映情况，由劳动行政部门督促用人单位与劳动者签订劳动合同。

很多劳动者到用人单位时还没有签订劳动合同，但是劳动者与用人单位之间还是存在事实上的劳动关系。在工作过程中，如果劳动者的正当权益受到侵害，仍然有权向用人单位索取赔偿。因此，在工作中你应随时注意保存好有关自己的出工记录和发放工资的凭证，以及那些用人单位出具的能够证明你与用人单位存在着事实上劳动关系的证明材料。比如，用人单位让你出差办事的介绍信、工作证及有你亲笔签名的提货单、发货票等。同时，同事之间要保持一定的联系，一旦产生纠纷，能够互相作证。

进城就业人员不仅要树立签订劳动合同的观念，也要有鉴别合同是否有效的基本能力。因为并不是所有劳动合同只要双方签了字就是有效的，有很多劳动合同属于无效合同。无效合同是指所订立的劳动合同不符合法定条件，或者不具备法律效力。对于无效劳动合同，进城务工人员没有义务履行。根据《劳动法》的规定，下列劳动合同无效：违反法律、行政法规的劳动合同，采取欺诈、威胁等手段订立的劳动合同。劳动合同的无效，由劳动争议仲裁委员会或者人民法院确认。无效的劳动合同，从订立的时候起，就没有法律约束力。也就是说，劳动者自始至终都无需履行无效劳动合同。确认劳动合同部分无效的，如果不影响其余部分的效力，其余部分仍然有效。

（九）劳动合同的签订期限

劳动合同的期限，是指用人单位和劳动者约定的产生劳动关系的时间。劳动者按照约定的劳动期限向用人单位提供劳动，用人单位按照约定在劳动合同的期限内给劳动者支付相关劳动报酬和相关福利待遇。劳动合同期限通常分为以下 3 种：

1. 有固定期限劳动合同

所谓有固定期限劳动合同，是指在订立劳动合同时，双方即明确约定了工作期限的劳动合同。有固定期限的劳动合同可长可短，可以是几个月，也可以是几年或十几年。

2. 无固定期限的劳动合同

所谓无固定期限的劳动合同，是指双方在劳动合同中，没有约定工作终止日期的劳动合同。通常来说，这种无固定期限的劳动合同，只要不出现约定的终止条件或法律规定的解除条件，用人单位一般不能解除或终止劳动者与用人单位的劳动关系。其劳动合同的终止日期，可一直延续到劳动者的法定退休年龄。

3. 以完成一定工作为期限的劳动合同

这种以完成一定工作为期限的劳动合同，通常是一种以限定完成某种劳动项目、工作任务的劳动合同。一旦劳动项目或工作任务完成，该劳动合同自行终止。

合同期限应由双方协商约定，用人单位不能强行设置劳动合同的期限。

（十）与用人单位解除、终止劳动合同

签订了劳动合同，标志着你和用人单位已建立了劳动关系，如果要结束这种劳动关系，可以通过解除或者终止劳动合同这两条途径来完成。

劳动合同的解除，是指劳动合同有效成立后至终止前这段时期内，当具备法律规定的劳动合同解除时，因用人单位或劳动者一方或双方提出，而提前解除劳动关系。根据《劳动法》规定，劳动者可以和用人单位协商解除劳动合同，也可以在符合法律规定的情况下单方面解除劳动合同。

劳动者解除劳动合同，应当提前 30 日以书面形式通知用人单位，这是劳动者解除劳动合同的条件和程序。由于劳动者违反劳动合同的有关约定而给用人单位造成经济损失的，应依据有关规定和劳动合同的约定，由劳动者承担赔偿责任。

有下列情形之一的劳动者，可以随时通知用人单位解除劳动合同：在试用期间，就业者与用人单位的劳动关系还没有确定，就业者享有选择职业的权利，可以随时解除劳动合同。用人单位以暴力、威胁或者非法限制人身自由的手段强迫劳动的。劳动合同应该在平等自愿的基础上签订，劳动过程也应当是平等自愿的，就业者有权反对强迫劳动。经县级以上人民政府指定的部门确认，用人单位的劳动安全、卫生条件恶劣，严重危害劳动者身体健康的；用人单位强制劳动者入股、集资或者缴纳风险抵押性钱物的；用人单位未按劳动合同约定支付劳动报酬或者提供劳动条件的，就业者享有取得劳动报酬的权利，在工作过程中也应该

有必要的劳动条件。如果用人单位无法提供基本的劳动条件，就业者可以随时通知用人单位解除劳动合同。法律、行政法规规定的其他情形。

劳动合同终止的情形有两种：一是劳动合同期限届满，劳动合同即告终止，这主要是针对有固定期限的劳动合同和以完成一定工作为期限的劳动合同；二是双方约定的劳动合同终止条件出现，劳动合同也告终止，这种情况既适用于固定期限和完成一定的工作为期限的劳动合同，也适用于无固定期限的劳动合同，劳动合同的这种终止属于约定终止。

（十一）哪些情况下用人单位不能解除劳动合同

为了保护劳动者的劳动权，《劳动法》第 29 条规定在下列情况下用人单位不得解除劳动合同。

劳动者患职业病或者因工负伤，并被确认丧失或者部分丧失劳动能力的。这种情况是因为务工者所从事的工作对身体造成了损害，用人单位完全有责任对他的工作和生活进行特殊照顾，所以不得解除劳动合同。

劳动者患病或者负伤，还在规定的医疗期内的。尽管这里的患病和负伤都不是因工而引起的，但医疗期是务工者依法享有的带薪休息的时间。即使遇到务工者合同期满，但医疗期未满时，劳动合同的期限也应该自动延续到医疗期满，用人单位不得解除或终止劳动合同。

女职工在孕期、产期、哺乳期内的。根据《劳动法》的规定，女工享受特殊劳动保护，孕期、产期、哺乳期未满的，劳动合同的期限也自动延续到孕期、产期、哺乳期满。

另外，还包括法律、行政法规规定的其他情形。

（十二）用人单位违反劳动合同应承担的赔偿责任

用人单位下列情形之一，对劳动者造成损害的，应赔偿劳动者损失。

用人单位故意拖延不订立劳动合同，或招用工时故意不按规定订立劳动合同，以及劳动合同到期后故意不及时续订劳动合同的。

由于用人单位的原因订立无效劳动合同，或订立部分无效劳动合同的。

用人单位违反规定或按劳动合同约定侵害女职工和未成年人合法权益的。

用人单位违反规定或劳动合同的约定，解除劳动合同的。

赔偿按下列规定执行：造成劳动者工资收入损失的，按劳动者本应得工资收入支付给劳动者，并加付应得工资收入25%的赔偿费用。造成劳动者劳动保护待遇损失的，应按国家规定补足劳动者的劳动保护津贴和用品。造成劳动者工伤、医疗待遇损失的，除按国家规定为劳动者提供工伤、医疗待遇外，还应支付劳动者相当于医疗费用25%的赔偿费用。造成女职工和未成年工身体健康损害的，除按国家规定提供治疗期间的医疗待遇外，还应支付相当于其医疗费用25%的赔偿费用。劳动合同约定的其他赔偿费用。

（十三）劳动合同中规定"死伤概不负责"是否有效

订立劳动合同，应当遵循平等自愿、协商一致的原则，不得违反法律、行政法规的规定。劳动合同作为劳动者与用人单位之间确立劳动关系、明确双方权利义务的协议，与其他合同如民事合同、技术合同等合同一样，具有合同的共性。如合同内容都必须明确规定合同双方的权利和义务，签订合同必须遵守国家法律、法规，坚持平等自愿与协商一致的原则。但劳动合同也有自身的特殊性，在民事法律范畴，所注重的是当事人的自由意志；在《劳动法》领域，一方面强调劳动关系的双方在订立劳动合同时要经过平等协商，另一方面尤其要保护事实上处于弱势地位的劳动者，作出详尽的规定，以有效维护劳动者的合法权益。因此，劳动合同中有关"死伤概不负责"的条款显然无效。

五、劳动安全和劳动保护

（一）进城就业人员应注意的安全事项

进入工作场所，首先要认清各种消防和安全标志。

在确认安全的情况下进行生产。

绝不携带火种及易燃、易爆品，进入储存有危险品的场所。

绝不在公共场所、公共交通工具上吸烟，乱扔烟蒂。

绝不要在公共场所或工作场所，随便动用自己不熟悉或禁止移动的设施、设备。

从事危险工种的工作人员，必须持国家职业资格证和安全操作证上岗工作，并在工作中严格遵守规章制度和工作程序。

了解和认请工作场地的疏散通道和逃生路线。

如果发生险情，在进行自救的同时，立即拨打报警电话。

在工作场所或其他公共场所停留时，首先应确认自己的周围包括头顶上方和脚踩下方，有无不安全因素。

参加集会和公众活动，遵守秩序，禁止推搡。在陌生环境，应事先了解和认清逃生通道。

（二）用人单位在劳动安全卫生方面的义务

用人单位必须建立健全劳动安全卫生制度，严格执行国家劳动安全规程和标准，对劳动者进行劳动安全卫生教育，防止劳动过程中的事故，减少职业危害。用人单位必须为劳动者提供符合国家规定的劳动安全卫生条件和必要的劳动防护用品，对从事有职业危害作业的劳动者应当定期进行健康检查。

（三）农民工在劳动安全卫生方面的权利和义务

赚昧心钱的企业主固然可恶，可是进城务工人员如果工作前知道自己的权利，多了解一点工作岗位上的安全生产知识及职业病的防护知识，这样的悲剧就会少许多。如果企业主侵犯了你的安全生产权利，你可向当地劳动保障、安全生产监督管理、卫生等部门举报，他们会给你一个满意的解决方案。如果受到伤害，你还可以通过法律的途径向企业主索赔，甚至追究他们的刑事责任。为了保障农民工享有安全的生产劳动条件和环境，确保在劳动过程中的安全和健康，国家制定了劳动安全卫生方面的法律、法规，对生产经营单位做出严格的要求。在安全生产方面农民工应享有的基本权利如下：

1. 知晓权

农民工有权知晓所从事工作可能对身体健康造成的危害和可能发生的安全事故。有权了解所在的作业场所和工作岗位存在哪些危险，可能发生哪些事故和伤害，如何防范和施救。

2. 保障权

农民工有权获得保障其健康和安全的劳动条件以及劳动防护用品。

3. 拒绝权

在发生直接危及自身安全的紧急情况时，农民工有权停止作业，或者在采取相应的应急措施后撤离作业场所。对用人单位管理人员违章指挥、强令冒险作业，农民工有权予以拒绝。

4．检控权

对危害生命安全和身体健康的行为，农民工有权提出批评、检举和控告。

5．避险权

在企业生产中发生严重危及职工生命安全的紧急情况时，农民工有权采取必要的措施紧急避险，并将有关情况向用人单位的管理人员作出报告。

另外，农民工有权接受安全生产教育和培训的权利，以掌握本职工作所需的安全生产知识，提高安全生产技能和事故预防、处置能力。

法律规定劳动者在安全生产方面享有基本权利的同时，也要了解劳动者在安全生产方面的基本义务。如遵守国家有关安全生产的法律、法规和规章。在作业过程中，应当严格遵守本单位的安全生产规章制度和操作规程，服从安全生产管理。在作业过程中，应当正确佩戴和使用劳动防护用品。应当自觉接受生产经营单位有关安全生产教育和培训，掌握所从事工作应当具备的安全生产知识。在作业过程中发现事故隐患或者其他不安全因素时，应当立即向现场安全生产管理人员或者本单位的负责人报告。

（四）劳动保护的内容

劳动保护是指保护劳动者在生产过程中的安全与健康。劳动者的生命安全与身体健康，不仅是劳动者自己工作和生活的基本条件，也是用人单位事业发展的需要，因为健康的劳动者可以为用人单位创造更多的财富。劳动保护包括劳动安全和劳动卫生两个方面。劳动安全是指在生产劳动过程中，防止中毒、车祸、触电、塌陷、爆炸、火灾、坠落、机械外伤等危及劳动者人身安全的事故发生。劳动卫生是指对劳动过程中的不良劳动条件和各种有毒有害物质的防范，或者是防范职业病的发生。

按照《劳动法》的规定，用人单位必须建立、健全劳动安全卫生制度，对劳动者进行劳动安全卫生教育，防止事故，减少职业危害；为劳动者提供符合国家规定的劳动安全卫生条件和必要的劳动防护用品，对从事有职业危害作业的劳动者进行定期的健康检查；对从事特种作业的劳动者进行专门培训。因此，为了保证自己的生命和健康，劳动者如果发现用人单位没有采取相应的保护措施，那么就有权拒绝工作。同时，劳动者也应该严格遵守安全生产的规章制度，从"防止事故"做起，为自己的生命健康负责。劳动保护，就是依靠技术进步和科学管理，采取技术和组织措施，消除劳动过程中危及人身安全和健康的不良条件与行为，防止伤亡事故和职业病，保障劳动者在劳动过程中获得适宜的劳动条件而采取的各项保护措施。

国家为保护劳动者在劳动生产活动中的安全和健康，在改善劳动条件、防止工伤事故、预防职业病、实行劳逸结合、加强女职工保护等方面所采取的各种组织措施和技术措施，统称为劳动保护。如工作时间的限制和休息时间、休假制度规定；各项劳动安全与卫生的措施；对女职工的劳动保护；对未成年人的劳动保护。总之，从时间、劳动场所、生理等方面来保护劳动者的安全和健康。

（五）我国对劳动防护用品的发放规定及佩戴

发放职工个人劳动防护用品是防护劳动者安全健康的一种预防性辅助措施，不是生活福利待遇。企业应当根据安全生产、防止职业性伤害的需要，按照不同工种、不同劳动条件，发给职工个人劳动防护用品。对此，劳动人事部、国家经委、商业部、全国总工会发布了《关于改革职工个人劳动防护用品发放标准和管理制度的通知》，明确规定：应发放劳动防护服装的范围，包括井下作业；有强烈辐射热、烧灼危险的作业；有刺割、绞辗危险或严重磨损而可能引起外伤的作业；接触有毒、有放射性物质，对皮肤有感染的作业；接触有腐蚀物质的作业；在严寒地区冬季经常从事野外、露天作业而自备棉衣不能御寒的工种，以及经常从事低温作业的工种。对于生产中必不可少的安全帽、安全带、绝缘护品、防毒面具、防尘口罩等职工个人特殊劳动防护用品，必须根据特定工种的要求配备齐全，并保证质量。对特殊防护用品应建立定期检验制度，不合格的、失效的一律不准使用。对于在易燃、易爆、烧灼及有静电发生的场所作业的工人，禁止发放和使用化纤防护用品。

常用的劳动防护用品，主要包括安全帽、安全带、安全绳、安全网、防护手套、防护服、安全鞋等。需要佩戴防护用品的人员在使用防护用品前，应认真阅读产品安全使用说明书，确认其使用范围、有效期限等内容，熟悉其使用、维护和保养方法。发现防护用品的受损或超过有效期限等情况，绝不能冒险使用。安全帽要戴正，帽带要系结实，防止因其歪带或松动而降低抗冲击能力。安全带应在腰部系紧，挂钩应扣在不低于作业者所处水平位置的固定牢靠处。在进行金属切割或在车床等机床操作时，严禁戴手套，以避免被机床上转动部件缠住或卷进去而引起事故。穿着防护服要做到"三紧"，即工作服的领口紧、袖口紧、下摆紧，防止敞开的袖口或衣襟被机器夹卷。

在任何生产劳动过程中都存在着各种危险和有害因素，正确使用和佩戴劳动防护用品是保障劳动者安全的有效措施。

新型职业农民技能培训丛书　务工与劳动保护常识

（六）预防职业病

职业病是一个隐形杀手，其杀伤力之大令人咋舌。目前，因粉尘、放射污染和有毒、有害作业等导致农民工患职业病死亡、致残、部分丧失劳动能力的人数不断增加。职业病治疗和康复费用昂贵，给劳动者、用人单位和国家造成严重的经济负担。职业病严重会危害生命，提起"职业病"，有些人会联想起许多带有职业特点的笑话，然而对于真正患职业病的人来说，可能永远也笑不起来。

广大进城就业人员从事的工作，有些可能是职业危害较大的，可以引发多种职业病，严重损害你的健康，诱发癌症等恶性疾病，导致身体残疾，甚至死亡。所以一定要重视这个问题，尽量减少职业危害，正确认识和判断作业场所有哪些有害因素，并有效地控制、减少和消除它们。对于职业病害，最重要的是要预防，从找工作开始就要知情。《职业病防治法》第 34 条规定：用人单位与劳动者订立劳动合同时，应当将工作过程中可能产生的职业病危害及其后果、职业病防护措施和待遇等如实告知劳动者，并在劳动合同中写明，不得隐瞒或者欺骗。对不这样做的用人单位，农民工有提出检举和控告的权利。用人单位除了按《职业病防治法》的规定向农民工提供符合防治职业病要求的职业病防护设施和个人使用的防护用品外，还应当按《职业病防治法》第 36 条规定，对从事或接触职业病危害的作业者，按照国务院卫生行政部门的规定组织上岗前、在岗期间和离岗时的职业健康检查，并将检查结果如实告知农民工。职业健康检查费用由用人单位承担。

农民工做好在岗时的预防很重要。农民工在有毒岗位上作业时，一定要学习和掌握相关的职业卫生知识，遵守职业病防治法律、法规、规章和各种操作规程，正确使用、维护职业病防护设备和个人使用的防护用品，如防护衣服、口罩、手套等。发现异常现象或者职业病危害事故隐患时，应当及时向卫生部门报告。农民工有权要求改善劳动条件，有权拒绝违章指挥和强令进行没有职业病防护措施的作业，有权对用人单位的职业病防治工作提出意见和建议。

用人单位应依法组织从事接触职业病危害因素的农民工，到由省卫生厅批准从事职业健康检查的医疗机构做职业健康检查。体检机构发现的疑似职业病病人，除了向当地卫生行政部门报告外，还应通知用人单位和劳动者本人，用人单位应按照体检机构的要求安排疑似患者做进一步医学观察和诊断。农民工不论何时感到不舒服，或车间多名同工种工人出现相同症状，怀疑患了职业病，都可随时向体检机构咨询，及时检查和进行职业病诊断。

用人单位或者农民工本人都可以申请职业病诊断，但注意应当向省卫生厅批准的取得职业病诊断资格的医疗卫生机构申请职业病诊断。当诊断为职业病后，职业病诊断机构会向患者出具《职业病诊断证明书》。农民工凭《职业病诊断证明书》依法获得职业病治疗、康复和赔偿，以及调离工作岗位等权益。

发生职业病后，用人单位首先必须妥善安置职业病患者，安排他们进行治疗，并依据国家规定进行相关赔偿。如用人单位有违法行为，卫生行政部门将根据用人单位违反《职业病防治法》的具体事实做出相应的行政处罚决定，包括警告、责令限期改正、罚款、责令停止产生职业病危害的作业，或者提请有关人民政府按照国务院规定的权限责令关闭。

六、农民工权益保护

（一）《劳动法》是农民工维权的重要武器

《劳动法》充分体现了《宪法》原则，突出了对劳动者权利的保护，具体规定了劳动者享有的政治民主、劳动和经济权利。劳动部在《关于贯彻执行劳动法若干问题的意见》中提出，《劳动法》的适用范围包括乡镇企业职工和进城务工经商的农民。2003 年国家劳动和社会保障部在《关于农民工适用劳动法律有关问题的复函》中又明确指出："凡与用人单位建立劳动关系的农民工，应当适用《劳动法》。"

《劳动法》规定，用人单位应当依法建立和完善规章制度，保障劳动者享有劳动权利和履行劳动义务。用人单位在与劳动者建立劳动关系时，必须签订劳动合同，并就合同的内容进行了详细的规定和说明。

《劳动法》还对违反《劳动法》以及违反劳动合同的行为，应当承担的法律和经济赔偿责任做了具体规定。

（二）农民进城就业的权利和义务

根据我国《劳动法》第三条的规定，劳动者享有以下权利：

1．平等就业和选择职业的权利

平等就业权是指劳动者在就业方面一律平等，不因民族、种族、性别、宗教信仰不同而受歧视。选择职业权是指劳动者在就业时，有权根据自己的兴趣和愿望来选择职业，不受外在力量的强迫。

2．取得劳动报酬的权利

劳动者付出劳动，即享有依照劳动合同和国家有关法律取得劳动报酬的权利，用人单位须及时足额向劳动者支付工资。

3．享有休息休假的权利

（1）法定节假日：根据国务院《全国年节及纪念日放假办法》规定，我国法定节假日包括三类。第一类是全体公民放假的节日，包括新年、春节、劳动节和国庆节。第二类是部分公民放假的节日及纪念日，包括妇女节、青年节等。第三类是少数民族习惯的节日，具体节日由各少数民族聚居地区的地方人民政府，按照各该民族习惯规定放假日期。全体公民放假的假日，如果适逢星期六、星期日，应当在工作日补假。部分公民放假的假日，如果适逢星期六、星期日，则不补假。

（2）病假：根据劳动部《企业职工患病或非因工负伤医疗期规定》等，任何企业职工因患病或非因工负伤，需要停止工作医疗时，企业应该根据职工本人实际参加工作年限和在本单位工作年限，给予一定的病假假期。职工实际工作年限 10 年以下的，在本单位工作 5 年以下的为 3 个月；5 年以上的为 6 个月。实际工作年限在 10 年以上的，在本单位工作 5 年以下的为 6 个月；5 年以上 10 年以下的为 9 个月；10 年以上、15 年以下的为 12 个月；15 年以上、20 年以下为 18 个月；20 年以上的为 24 个月。医疗期 3 个月的按 6 个月内累计病休时间计算；6 个月的按 12 个月内累计病休时间计算；9 个月的按 15 个月内累计病休时间计算；12 个月的按 18 个月内累计病休时间计算；18 个月的按 24 个月内累计病休时间计算；24 个月的按 30 个月内累计病休时间计算。根据国家有关规定，职工疾病或非因工负伤停止工作连续医疗期间在 6 个月以内的，企业应该向其支付病假工资；医疗期限超过 6 个月时，病假工资停发，改由企业按月付给疾病或非因工负伤救济费。病假工资的支付标准是：本企业工龄不满 2 年者，为本人工资的 70%；已满 2 年不满 4 年者，为本人工资的 60%；已满 4 年不满 6 年者，为本人工资的 80%；已满 6 年不满 8 年者，为本人工资的 90%；已满 8 年及 8 年以上者，为本人工资的 100%。疾病或非因工负伤救济费的支付标准是：本企业工龄不满 1 年者，为本人工资的 40%；已满 1 年未满 3 年者，为本人工资的 50%；3 年及 3 年以上者，为本人工资的 60%。病假工资或疾病救济费不能低于最低工资标准的 80%。此外，农民工还依法享有女职工产假，依法参加社会活动请假等。

4. 获得劳动安全卫生保护的权利

生命安全和身体健康是劳动者最直接最切身的权利。《劳动法》规定用人单位必须建立健全劳动安全卫生制度，严格执行国家安全卫生规程、标准，提供劳动安全卫生条件和劳保用品，对从事特种行业的人员进行专门培训。

5. 接受职业技能培训的权利

公民有劳动的权利，要实现劳动权就离不开劳动者拥有的职业技能。国家和用人单位应当为劳动者提供各种物质条件，建立各种教育组织，采用多种方式进行职工技能培训。

6. 享受社会保险和福利的权利

疾病、年老是每个劳动者不可避免的，因此，社会保险是劳动力再生产的一种客观需要。国家和用人单位应当依照法律或合同的规定，在劳动者暂时或永久丧失劳动能力或暂时失业时，为保证其基本生活需要，要给予一定必要的物质帮助，以保护职工的身体健康，解除职工后顾之忧，调动职工的生产积极性。

7. 提请劳动争议处理的权利

劳动者与用人单位各自存在不尽相同的利益，不可避免地会发生摩擦和分歧。当出现劳动争议时，劳动者有权依法申请调解、仲裁或提起诉讼。

8. 法律规定的其他劳动权利（如组织和参加工会的权利等）

除了享有以上各项权力外，还应当履行以下基本义务：完成劳动任务；提高职业技能；执行劳动安全卫生规程；遵守劳动纪律和职业道德；遵守国家计划生育政策；遵守国家法律法规和城市管理条例；维护公共秩序，遵守社会公德；爱护公共财产，维护国家利益；依法纳税。

（三）农民工容易受到侵犯的权益

1. 农民工的人身权利易受侵犯

在一些外资、私营企业中，一些企业任意打骂、处罚职工，非法拘禁职工，侮辱职工的人格；一些企业采取没收职工身份证，安装栅栏，配置"保安"，锁死大门等方法，非法限制职工人身自由。

2. 不依法签订劳动合同

大量的企业与农民工的劳动关系只是"口头协议"。在部分企业中，有绝大多数的农民工没有与用工单位签订劳动合同，少数签订合同的也多是"一边倒合同"，只有农民工单方面的义务，没有相应的权益。克扣、拖欠农民工工资的现象屡见不鲜。一些企业在签订劳动合同时，在年龄、婚育、病伤等问题上限制很多，甚至条款苛刻。签订劳动合同的，有些企业还常以各种名义向农民工收取费用或押金，滥罚员工的现象司空见惯。

3. 农民工劳动安全和生存条件恶劣

厂房设备简陋，工作场地杂乱无章，一些私营企业甚至使用土制设备、容器等。许多私营企业无安全制度，有法不依，缺乏起码的劳动保护措施，"三废"污染严重，粉尘和噪音超标、违规违章作业等现象极为普遍。

4. 女职工劳动保护难以落实

一是劳动用工制度不规范，企业经营者任意设置试用期，不与女工签订劳动合同，即使签了也没有女职工保护条款；对孕产期、哺乳期女工随意解除劳动合同；有些企业规定女工在厂期间不准恋爱、结婚、生育等。二是女职工"四期"保护不落实，在女工"四期"期间，仍安排其从事高空、低温、有毒、有害劳动。三是女工休息、休假权利得不到保障。四是劳动卫生条件差，职业安全无保障，导致一线女工直接遭受灰尘、噪音、有毒气体的危害。近年来因急性中毒、爆炸、火灾等，造成多名女工死亡或致残的事件时常发生。有的企业或业主还巧立名目，甚至明目张胆地对女工进行人格侮辱，严重侵害了女工的人身安全和身体健康。

5. 采取强制手段加班加点

随意延长劳动时间，增大劳动强度，拖欠、减发、扣发工资。由于有些企业实行日工资、计件工资制度，为了获得更多的工资收入，职工不得不在国家法定节假日继续工作，而企业却从不支付加班费。

6. 社会保障机制不健全

总体上，社会统筹主要解决的是非农业人口的保障问题，农民工尚未纳入社会保障的范围。国家实行"两个确保"政策不涵盖农民工。国家对用人单位招用农民工，有实行养老保险制度的要求，但多数企业未缴纳养老保险费用。工伤保险目前没有普遍实行，医疗保障工作尚处在宣传启动阶段。所以，农民工的社会保障机制显得非常薄弱。

（四）农民工维权的途径和办法

在复杂的社会生活中受到侵害是难免的，关键是当受到侵害时，应该知道如何保护自己。如果不积极维护自己的合法权益，会给自己造成损失，这是显而易见的。它可能带来经济上的损失、精神上的伤害，对身体健康的危害，有时甚至会有生命危险。如果劳动者不主动地维护自己的合法权益，一些唯利是图的用工者甚至会变本加厉地侵犯劳动者权益。因此，维护自己的合法权益是对己、对人、对社会都有好处的行为。

如何来维护自己的合法权益和人格尊严呢？首先，要有法律意识，学会用法律来协调人与人之间的关系。进城务工者尤其应该了解一些跟务工密切相关的法律知识，如《劳动法》、《合同法》、《违反和解除劳动合同的经济补偿办法》等。这样才能清楚地了解应享有的权利和应承担的义务，用人单位侵犯务工者合法权益后应承担的法律责任，如何处理劳动争议等内容。

避免自己合法权益受到侵犯的另一个重要措施，就是签订劳动合同。务工者应当按照劳动合同的必备条款与用人单位进行仔细协商，避免可能侵犯自己正当利益的条款，并兼顾双方利益。合同签订后要妥善保存，防止损坏和丢失。当自己的合法权益受到侵犯时，千万不能意气用事，也不要忍气吞声，要积极与用人单位协商解决问题，协商不成再通过仲裁以至法律手段保护自己的正当权益。《劳动法》第 77 条第 1 款规定："用人单位与劳动者发生劳动争议，当事人可以依法申请调解、仲裁、提起诉讼，也可以协商解决。"由此可见，农民工在争议中可以通过以下途径维护自己的合法权益。

1. 协商

争议当事人之间自行约定，通过协商，在法律允许的范围内相互让步或一方让步，从而求得争议的解决。协商不需要第三人参加，是争议双方互谅互让的结果，可以避免矛盾的激化。如果双方协商不成，当事人仍然可以申请仲裁或起诉。

2. 调解

调解是由第三者居间调和，通过说服、疏导促使当事人互谅互让，从而解决纠纷的办法。劳动争议中的调解主要由企业内部的劳动争议调解委员会负责，促成争议双方达成协议，自觉履行。

3. 仲裁

在各级政府设立的劳动争议仲裁委员会主持下，按照合法、公正、及时的原则，对劳动争议进行调解、裁决。仲裁裁决具有强制执行力。

4. 诉讼

劳动争议诉讼就是指劳动双方当事人对劳动仲裁结果不服，依法向人民法院提起诉讼，要求保护其合法权益的一种劳动争议处理方式，是解决劳动争议的最后一道程序。

此外，还可以通过电话、信访、上访等形式，向各级工会组织和劳动监察机构投诉、举报。

农民维权最有效的办法是依照《工会法》和《劳动法》的要求，加入和成立统一的工会组织。因为在企业与农民工的关系中，雇主方处于强者的地位，而农民工则处于弱势地位。只有通过法律授予工会权利，依靠工会集中职工的利益和意志，才能够形成与企业事实上的平等主体地位，才能保障企业与职工签订真正平等的劳动合同。工会具有法人资格，享有独立的权利，拥有独立的财产并有能力承担相应的法律责任，这是工会维护农民权益的优势和基础。政府则通过立法，保证工会权利的顺利行使，并对妨碍工会行使维护公民权益的行为给予法律制裁。"组织起来力量大"，"团结就是力量"，因此，农民工只有建立和加入工会组织，才是维护自身权益最有效的办法。

（五）用人单位侵犯农民工权益应承担的责任

《劳动法》第 91 条规定，用人单位有下列侵害劳动者合法权益情形之一的，由劳动行政部门责令支付劳动者工资报酬、经济补偿，并可以责令支付赔偿金：克扣或无故拖欠劳动者工资的；拒不支付劳动者延长时间工资报酬的；低于当地最低工资标准支付劳动者工资的；解除劳动合同后，未依照本法规定给予劳动者经济补偿的。劳动部《关于贯彻执行〈中华人民共和国劳动法〉若干问题的意见》指出：如果用人单位实施了本条规定的前三项侵权行为之一的，劳动行政部门应责令用人单位支付劳动者的工资报酬和经济补偿，并可以责令其支付赔偿金。如果用人单位实施了本条规定的第四项侵权行为，劳动行政部门除责令用人单位支付劳动者经济补偿外，还可以责令用人单位支付赔偿金。

《劳动法》第 96 条规定：用人单位有下列行为之一，由公安机关对责任人员处以 15 日以下拘留、罚款或者警告；构成犯罪的，对责任人员依法追究刑事责任；以暴力、威胁或者非法限制人身自由的手段强迫劳动的；侮辱、体罚、殴打、非法搜查和拘禁劳动者的。

（六）我国对法定节假日的规定

法定节假日是指法律规定的劳动者用于开展纪念、庆祝活动的休息时间。在我国，根据《劳动法》第 40 条规定，属于全体劳动者的法定节假日如下："用人单位在下列节日期间应依法安排劳动者休假：元旦放假 1 日（1 月 1 日）；春节放假 3 日（农历正月初一日、初二日、初三日）；国际劳动节放假 3 日（5 月 1 日、5 月 2 日、5 月 3 日）；国庆节放假 3 日（10 月 1 日、10 月 2 日、10 月 3 日）；法律、法规规定的其他节假日。"上述假日适逢公休假日时，应当在工作日内补假。

属于部分劳动者的法定节假：妇女节（限于妇女劳动者），3 月 8 日放假半天；青年节（限于 14 周岁以上的青年），5 月 4 日放假半天等。上述假日适逢休假日不补假。少数民族习惯性节日，由各少数民族聚居地区的地方人民政府，按照该民族习惯规定放假半天，如伊斯兰教的开斋节等，这也属于法定的节假日。但其他节日，如七七抗战纪念日、教师节、护士节、植树节等节日、纪念日，均不放假。

（七）年休假

年休假是指劳动者依法在其工作满一定期限后，每年享有的保留工作和带薪连续休息的时间。其法定条件是连续工作一年以上的劳动者。只要劳动者连续工作时间在一年以上，就有资格享受带薪年休假。年休假制度在西方发达国家已普遍执行。年休假的时间长短取决于国家经济发展水平。我国曾在 20 世纪 50 年代初期在部分职工中试行过年休假制度，但由于受到当时国家经济条件的限制未能坚持执行。自 20 世纪 80 年代中期，我国部分省、市、自治区又恢复了这一制度的试行。现行《劳动法》重新确定了年休假制度，这标志着我国国力的增强及人民生活水平的提高。我国《劳动法》第 45 条规定："国家实行带薪年休假制度，劳动者连续工作一年以上的，享受带薪年休假，具体办法由国务院规定。"农民工也依法享有年休假的待遇。

（八）国家对加班加点的规定

加班加点是指在企业执行的工作时间制度基础上的延长时间。凡在法定节假日和公休假日进行工作的叫做加班。凡在正常工作日延长工作时间的叫做加点。加班加点必然占用职工的休息时间。加班加点过多，对职工的身体健康会构成危害。为有效地控制加班加点，有关劳动法律、法规均予以限制。

《劳动法》第 43 条规定：用人单位不得违反本法规定延长劳动者的工作时间。《国务院关于职工工作时间的规定》：任何单位和个人不得擅自延长职工工作时间，因特殊情况和紧急任务确需延长工作时间的，按照国家有关规定执行。劳动部《〈国务院关于职工工作时间的规定〉的实施办法》第 6 条也规定：任何单位和个人不得擅自延长职工工作时间。企业由于生产经营需要延长职工工作时间的，应按《劳动法》第 41 条的规定执行。第 7 条就特殊情况做了规定：有下列特殊情形和紧急任务之一的，延长工作时间不受本办法第 6 条规定的限制：发生自然灾害、事故或者其他原因，使人民的安全健康和国家资财遭到严重威胁，需要紧急处理的；生产设备、交通运输线路、公共设施发生故障，影响生产和公众利益，必须及时抢修；必须利用法定节日或公休假日的停产期间进行设备检修、保养的；为完成国防紧急任务，或者完成上级在国家计划外安排的其他紧急任务，以及商业、供销企业在旺季完成收购、运输、加工农副产品紧急任务的。

（九）《农业法》保护农民权益的规定

《农业法》第九章是专门保护农民权益的条款，具体内容有：

1. 任何机关或者单位向农民或者农业生产经营组织收取行政、事业性费用必须依据法律、法规的规定。收费的项目、范围和标准应当公布。没有法律、法规依据的收费，农民和农业生产经营组织有权拒绝。

任何机关或者单位对农民或者农业生产经营组织进行罚款处罚，必须依据法律、法规、规章的规定。没有法律、法规、规章依据的罚款，农民和农业生产经营组织有权拒绝。

任何机关或者单位不得以任何方式向农民或者农业生产经营组织进行摊派。除法律、法规另有规定外，任何机关或者单位以任何方式要求农民或者农业生产经营组织提供人力、财力、物力的，属于摊派。农民和农业生产经营组织有权拒绝任何方式的摊派。

2. 各级人民政府及其有关部门和所属单位不得以任何方式向农民或者农业生产经营组织集资。

没有法律、法规依据或者未经国务院批准，任何机关或者单位不得在农村进行任何形式的达标、升级、验收活动。

3. 农民和农业生产经营组织依照法律、行政法规的规定承担纳税义务。税务机关及代扣、代收税款的单位应当依法征税，不得违法摊派税款及以其他违法方法征税。

4. 农村义务教育除按国务院规定收取的费用外，不得向农民和学生收取其他费用。禁止任何机关或者单位通过农村中小学校向农民收费。

5. 国家依法征用农民集体所有的土地，应当保护农民和农村集体经济组织的合法权益，依法给予农民和农村集体经济组织征的补偿，任何单位和个人不得截留、挪用征地补偿费用。

6. 各级人民政府、农村集体经济组织或者村民委员会在农业和农村经济结构调整、农业产业化经营和土地承包经营权流转等过程中，不得侵犯农民的土地承包经营权，不得干涉农民自主安排的生产经营项目，不得强迫农民购买指定的生产资料或者按指定的渠道销售农产品。

7. 农村集体经济组织或者村民委员会为发展生产或者兴办公益事业，需要向其成员（村民）筹资筹劳的，应当经成员（村民）会议或者成员（农民）代表会议过半数通过后，方可进行。

农村集体经济组织或者村民委员会依照前款规定筹资筹劳的，不得超过省级以上人民政府规定的上限控制标准，禁止强行以资代劳。

农村集体经济组织和村民委员会对涉及农民利益的重要事项，应当向农民公开，并定期公布财务账目，接受农民的监督。

8. 任何单位和个人向农民或者农业生产经营组织提供生产、技术、信息、文化、保险等有偿服务，必须坚持自愿原则，不得强迫农民和农业生产经营组织接受服务。

9. 农产品收购单位在收购农产品时，不得压级压价，不得在支付的价款中扣缴任何费用。法律、行政法规规定代扣、代收税款的，依照法律、行政法规的规定办理。

农产品收购单位与农产品销售者因农产品的质量等级发生争议的，可以委托具有法定资质的农产品质量检验机构检验。

10. 农业生产资料使用者因生产资料质量问题遭受损失的，

出售该生产资料的经营者应当予以赔偿，赔偿额包括购货价款、有关费用和可得利益损失。

11. 农民或者农业生产经营组织为了维护自身的合法权益，有向各级人民政府及其有关部门反映情况和提供合法要求的权利，人民政府及其有关部门对农民或者农业生产经营组织提出的合理要求，应当按照国家规定及时给予答复。

12. 违反法律规定，侵犯农民权益的，农民或者农业生产经营组织可以依法申请行政复议或者向人民法院提起诉讼，有关人民政府及其有关部门或者人民法院应当依法受理。

人民法院和司法行政主管机关应当依照有关规定为农民提供法律帮助。

（十）农民工可以参加工会组织

在我国境内的企业、事业单位、机关中以工资收入为主要生活来源的体力劳动者和脑力劳动者，不分民族、种族、性别、职业、宗教信仰、教育程度，都有依法参加和组织工会的权利。农民工作为以工资收入为主要生活来源的劳动者符合《工会法》对于会员的要求，因此可以参加工会组织，任何组织和个人不得加以阻挠和限制。

中华全国总工会及其各工会组织代表职工的利益，依法维护职工的合法权益。

农民工可以通过所在工会向所在单位就经营管理和发展等重大问题发表意见；通过参加工会提出有关工资、福利、劳动安全卫生、社会保险等涉及自己切身利益的意见和建议。

农民工还可以通过工会向国家机关提出，有关部门正在起草或者修改直接涉及职工切身利益的法律、法规、规章的意见。同时，可以通过工会向县级以上各级人民政府反映有关职工利益的重大问题。

县级以上各级人民政府及其有关部门研究制定劳动就业、工资、劳动安全卫生、社会保险等涉及职工切身利益的政策、措施时，应当吸收同级工会参加研究，听取工会意见。

此外，工会有权对企业、事业单位侵犯职工合法权益的问题进行调查。职工因工伤亡事故和其他严重危害职工健康问题的调查处理，必须有工会参加。工会应当向有关部门提出处理意见，并有权要求追究直接负责的主管人员和有关责任人员的责任。对工会提出的意见，应当及时研究，给予答复。

企业、事业单位违反劳动法律、法规规定，有侵犯职工劳动权益情形的，工会应当代表职工与企业、事业单位交涉，要求企业、事业单位采取措施予以改正；企业、事业单位应当予以研究处理，并向工会做出答复；企业、事业单位拒不改正的，工会可以请求当地人民政府依法做出处理。

此外，用人单位解除劳动合同，工会认为不适当的，有权提出意见。如果用人单位违反法律、法规或者劳动合同，工会有权要求重新处理；劳动者申请仲裁或者提起诉讼的，工会应当依法给予支持和帮助。

（十一）农民工能够平等享受城市的公共服务

保障进城就业农民的合法权益，进一步清理和取消针对农民进城就业的歧视性规定和不合理收费，简化农民跨地区就业和进城务工的各种手续，防止变换手法向进城就业农民及用工单位乱收费，已经成为中央政府的一项重要政策。

进城就业的农民工已经成为产业工人的重要组成部分，农民工为城市创造了财富，提供了税收。根据中央政府的要求，各城市政府要切实把对进城农民工的职业培训、子女教育、劳动保障及其他服务和管理经费，纳入正常的财政预算，已经落实的要完善政策，没有落实的要加快落实。对及时兑现进城就业农民工资、改善劳动条件、解决子女入学等问题，国家也已有明确政策，各地区和有关部门要采取更得力的措施，明确牵头部门，落实管理责任，加强督促检查。健全有关法律法规，依法保障进城就业农民的各项权益。推进大中城市户籍制度改革，放宽农民进城就业和定居的条件。

（十二）国家对农民工社会保障

国家高度重视农民工社会保障工作。根据农民工最紧迫的社会保障需求，坚持分类指导、稳步推进，优先解决工伤保险和大病医疗保障问题，逐步解决养老保障问题。农民工的社会保障，要适应流动性大的特点，保险关系和待遇能够转移接续，使农民工在流动就业中的社会保障权益不受损害；要兼顾农民工工资收入偏低的实际情况，实行低标准进入、渐进式过渡，调动用人单位和农民工参保的积极性。

依法将农民工纳入工伤保险范围。各地要认真贯彻落实《工伤保险条例》。所有用人单位必须及时为农民工办理参加工伤保险手续，并按时足额缴纳工伤保险费。在农民工发生工伤后，要做好工伤认定、劳动能力鉴定和工伤待遇支付工作。未参加工伤保险的农民工发生工伤，由用人单位按照工伤保险规定的标准支付费用。当前，要加快推进农民工较为集中、工伤风险程度较高的建筑行业、煤炭等采掘行业参加工伤保险。建筑施工企业同时应为从事特定高风险作业的职工办理意外伤害保险。

抓紧解决农民工大病医疗保障问题。各统筹地区要采取建立大病医疗保险统筹基金的办法，重点解决农民工进城务工期间的住院医疗保障问题。根据当地实际合理确定缴费率，主要由用人单位缴费。完善医疗保险结算办法，为患大病后自愿回原籍治疗的参保农民工提供医疗结算服务。有条件的地方，可直接将稳定就业的农民工纳入城镇职工基本医疗保险。农民工也可自愿参加原籍的新型农村合作医疗。

探索适合农民工特点的养老保险办法。抓紧研究低费率、广覆盖、可转移，并能够与现行的养老保险制度衔接的农民工养老保险办法。有条件的地方，可直接将稳定就业的农民工纳入城镇职工基本养老保险。已经参加城镇职工基本养老保险的农民工，用人单位要继续为其缴费。劳动保障部门要抓紧制定农民工养老保险关系异地转移与接续的办法。

（十三）农民工能否享受失业保险待遇

按照《失业保险条例》规定，单位招用的农民合同制工人连续工作满一年，且单位已缴纳失业保险费，劳动合同期满未续订或者提前解除劳动合同的，由社会保险经办机构根据其工作时间的长短，对其支付一次性生活补助。补助的办法和标准由省、自治区、直辖市人民政府规定。从各地实施情况看，农民工一次性生活补助的标准都不是很高，如有些省份规定为当地 3 个月的失业救济金。

（十四）农民工申领一次性生活补助的条件

按照《失业保险条例》规定，农民工申领一次性生活补助必须具备以下条件：农民合同制工人所在单位必须依法参加了失业保险；农民合同制工人所在单位为其缴纳了失业保险费，即以包括农民合同制工人工资在内的工资总额作为缴纳基数，而没有故意将这部分人的工资从工资总额中剔除；农民合同制工人必须在缴费单位连续工作满一年。此外，自愿失业的农民合同制工人无权享受失业保险待遇。

（十五）农民工参加城镇养老保险的规定

劳动和社会保障部 1999 年 3 月发布的《关于贯彻两个条例扩大社会保险覆盖范围　加强基金征缴工作的通知》（劳社部发［1999］10 号）第 2 条规定，农民合同制职工参加单位所在地的社会保险。农民工作为企业的职工，按规定应参加城镇养老保险。根据原劳动部 1997 年 12 月发布的《职工基本养老保险个人账户管理暂行办法》（劳办发［1997］116 号）第 1 条的规定，职工从参加工作的当月起，应由所在单位到当地社会保险经办机构为其办理基本养老保险投保手续。农民工只需履行缴费义务，按规定由企业代扣代缴养老保险费；达到法定领取养老金的条件后，享受养老保险待遇。

（十六）农民工的养老保险

根据劳动部 1997 年 12 月发布的《职工基本养老保险个人账户管理暂行办法》（劳办发［1997］116 号）第 1 条规定，职工从参加工作的当月起，应由所在单位到当地社会保险经办机构为其办理基本养老保险投保手续，社会保险经办机构为其建立基本养老保险个人账户。作为企业职工的农民工，应按此办法建立养老保险个人账户。养老保险个人账户的识别号码是公民的社会保险号码，于 1989 年 9 月由国家技术监督局发布（国家标准 GB11643—89），暂用居民身份证号码代替。养老保险个人账户的主要内容包括：职工姓名、社会保险号码、参加工作时间、视同缴费年限、个人缴费首次记入时间、当地上年职工平均工资、个人当年缴费工资基数、当年缴费月数、当年记账利率、单位和个人缴费记入个人账户的比例、当年缴费金额、当年记账利息及个人账户储存额情况等。视同缴费年限是指职工全部工作年限中实际缴费之前的按国家规定计算的连续工作时间，可作为将来计发养老金的依据。农民工一般没有视同缴费年限。

1. 养老保险个人账户的转移

根据劳动部 1997 年 12 月发布的《职工基本养老保险个人账户管理暂行办法》（劳办发〔1997〕116 号）第三部分"个人账户的转移"和劳动和社会保障部 1999 年 7 月发布的《关于严格执行职工基本养老保险个人账户转移政策的通知》（劳社厅发〔1999〕22 号）第一、二条规定，职工在同一统筹地区内流动时，只转移基本养老保险关系和个人账户档案，不转移基金；职工跨统筹地区流动时，除转移基本养老保险关系和个人账户档案外，还应转移职工养老保险个人账户基金，转移基金金额为个人账户 1998 年 1 月 1 日之前的个人缴费部分累计本息加上从 1998 年 1 月 1 日起记入的养老保险个人账户全部储存额。对年中调转职工，调出地区只转本金，不转当年应计利息，由调入地一并计入当年应计利息。基金转移时，不得从转移额中扣除管理费。这里的统筹地区是养老保险社会统筹的范围，在这个范围内养老保险基金由统一的社会保险经办机构统一管理和统一调剂。

2. 农民工返乡后个人账户一次性领取

1999 年 3 月发布的《关于贯彻两个条例扩大社会保险覆盖范

围 加强基金征缴工作的通知》（劳社部发［1999］10号）第2条规定，农民合同制职工参加单位所在地的社会保险，社会保险经办机构为其建立基本养老保险个人账户；农民合同制职工在终止或解除劳动合同后，社会保险经办机构可以将基本养老保险个人账户储存额一次性发给本人。因此，农民返乡后，其养老保险个人账户储存额可以一次性领取。但从农民工的利益出发，建议农民工最好不要一次性领取个人账户养老金。因为，农民工返乡后其养老保险个人账户可以存放在社会保险经办机构，今后进城工作，其个人账户可前后合并计算本息，达到法定领取养老金条件后，不仅可以领取个人账户养老金，还可领取基础养老金。

3. 农民工申领养老保险金的条件和缴纳养老保险费时间的条件

根据《国务院关于工人退休、退职的暂行办法》（国发［1978］104号）规定，职工退休的年龄条件为，男年满60周岁，女年满50周岁。根据劳动部1997年12月发布的《职工基本养老保险个人账户管理暂行办法》（劳办发［1997］116号）第4条规定，当职工离退休时，职工所在单位应首先填写《离退休人员增减情况变化表》和《职工增减情况变化表》等资料，报送当地社会保险经办机构审核；社会保险经办机构在审核有关报表后，按规定支付基本养老保险金。

4. 农民工的养老保险金的计算

《国务院关于建立统一的企业职工基本养老保险制度的决定》（国发［1997］26号）第5条规定，职工达到退休年龄条件（一般为男年满60周岁，女年满50周岁），个人缴费年限累计满15年，退休后按月发给基本养老金；个人缴费年限不满15年，退休后不享受基础养老金，其养老保险个人账户储存额一次性发给本人。基本养老金由基础养老金和个人账户养老金组成，退休时的基础养老金月标准为省、自治区、直辖市或地（市）上年度职工平均月工资的20%，个人账户养老金月标准为本人个人账户储存额除以120。

5. 农民工养老保险个人账户的继承

根据《国务院关于建立统一的企业职工基本养老保险制度的决定》（国发〔1997〕26号）第4条的规定，当职工或退休人员死亡，其基本养老保险个人账户中个人缴费部分可以继承。根据原劳动部1997年12月发布的《职工基本养老保险个人账户管理暂行办法》（劳办发〔1997〕116号）第4条的规定，当职工或退休人员死亡时，职工所在单位应首先填写《离退休人员增减情况变化表》和《职工增减情况变化表》等资料，报送当地社会保险经办机构审核；社会保险经办机构在审核有关报表后，按规定支付基本养老保险个人账户中个人缴费部分。

6. 农民工按月领取养老金

农民工达到申领养老保险金的年龄条件和缴纳养老保险费时间的条件，可以按月领取养老金。根据《国务院关于建立统一的企业职工基本养老保险制度的决定》（国发〔1997〕26号）第5条的规定，男年满60周岁，女年满50周岁，个人缴费年限累计满15年，退休后按月发给基本养老金；基本养老金由基础养老金和个人账户养老金组成，退休时的基础养老金月标准为省、自治区、直辖市或地（市）上年度职工平均工资的20%，个人账户养老金月标准为本人个人账户储存额除以120。

（十七）非法用工单位伤亡人员的一次性赔偿

非法用工单位伤亡人员，是指在无营业执照或者未经依法登记、备案的单位以及被依法吊销营业执照或者撤销登记、备案的单位受到事故伤害或者患职业病的职工，或者用人单位使用童工造成的伤残、死亡童工。

一次性赔偿包括受到事故伤害或患职业病的职工或童工在治疗期间的费用和一次性赔偿金，一次性赔偿金额应当在受到事故伤害或患职业病的职工或童工死亡或者经劳动能力鉴定后确定。

劳动能力鉴定按各地原则由单位所在地设区的市级劳动能力鉴定委员会办理。劳动能力鉴定费用由伤亡职工或者童工所在单位支付。

一次性赔偿金按以下标准支付：一级伤残的为赔偿基数（赔偿基数，是指单位所在地工伤保险经筹地区上年度职工年平均工资）的 16 倍，二级伤残的为赔偿基数的 14 倍，三级伤残的为赔偿基数的 12 倍，四级伤残的为赔偿基数的 10 倍，五级伤残的为赔偿基数的 8 倍，六级伤残的为赔偿基数的 6 倍，七级伤残的为赔偿基数的 4 倍，八级伤残的为赔偿基数的 3 倍，九级伤残的为赔偿基数的 2 倍，十级伤残的为赔偿基数的 1 倍。受到事故伤害或患职业病造成死亡的，按赔偿基数的 10 倍支付一次性赔偿金。

职工或童工受到事故伤害或患职业病，在劳动能力鉴定之前进行治疗期间的生活费、医疗费、护理费、住院期间的伙食补助费及所需的交通费等，按照《工伤保险条例》规定的标准和范围，全部由伤残职工或童工所在单位支付。

单位拒不支付一次性赔偿的，伤残职工或死亡职工的直系亲属、伤残童工或者死亡童工的直系亲属可以向劳动保障行政部门举报。经查证属实的，劳动保障行政部门应责令该单位限期改正。伤残职工或死亡职工的直系亲属、伤残童工或者死亡童工的直系亲属就赔偿数额与单位发生争议的，按照劳动争议的有关规定处理。

（十八）我国对职工休息时间的规定

休息时间是指法律规定劳动者不必进行生产劳动，而由自己自行支配的时间。根据《劳动法》和其他有关法律、法规规定，劳动者享有的休息时间主要包括工作日的间歇时间、每周公休假日、法定节假日、职工探亲假、年休假等。

1. 工作日内的间歇休息时间

工作日内的间歇休息时间是指劳动者在工作日内享有的工作期间休息时间。工作日内的间歇休息时间由企业、单位根据生产经营实际情况而决定，一般劳动者每工作 4 个小时应休息 1~2 个小时，最低不得少于半小时。

2. 工作日间的休息时间

工作日间的休息时间是指劳动者在一个工作日结束后至下一个工作日开始的休息时间。工作日间的休息时间应以保证劳动者的体力和工作能力能够恢复为标准。我国法律虽然没有明文规定工作日间的休息时间，但《劳动法》第 36 条规定，国家实行劳动者每日工作时间不得超过 8 小时，平均每周工作时间不超过 40 小时的工时制度，所以工作日休息时间一般应不少于 16 个小时。对于工作日间的休息时间，无特殊原因应保障劳动者连续享有并不得随意间断。实行轮换制的企业，其班次必须平均轮换，不得使职工连续工作两班。

3. 公休假日

公休假日，又称"周休息日"，是指劳动者工作满一个工作周之后的休假时间。通常企业（单位）应安排在星期六、星期天休息，对于有些单位因生产经营的特殊情况，可根据实际需要安排劳动者在周内的其他时间补休。《劳动法》第 38 条、第 39 条规定，用人单位应当保证劳动者每周至少休息一日。《国务院关于职工工作时间的规定》规定：国家机关、事业单位实行统一的工作时间，星期六和星期日为周休息日。企业因生产特点不能实行本法第 36 条、第 38 条规定，经劳动行政部门批准，可以实行其他工作和休息办法。对于出差人员的周休假日可以在出差地享用。如果出差期间未能享用的，可从实际情况出发给予补休。对于从事有毒有害工作的职工，可以给予更多的休息时间。

（十九）女性农民工生育期享受的待遇

女职工生育期指女职工分娩至健康恢复的期间。我国法律、法规、规章对女职工的生育期给予了特殊保证。《劳动法》规定，女职工生育应有不少于 90 天的产假。国务院《女职工劳动保护规定》中规定，《女职工劳动保护特别规定》中规定，女职工生育享受 98 天产假，其中产前可以休假 15 天；难产的，增加产假 15 天，生育多胞胎的，每多生育 1 个婴儿，增加产假 15 天。根据《女职工保健工作规定》，产后保健包括：产假期满恢复工作时，应允许有 1~2 周时间逐渐恢复原工作量。

1988 年 9 月 4 日劳动部《关于女职工生育待遇若干问题的通知》规定：女职工怀孕不满 4 个月流产时，应当根据医务部门的意见，给予 15~30 天的产假；怀孕满 4 个月以上流产时，给予 42 天产假。产假期间，工资照发。根据国务院《女职工劳动保护规定》：女职工怀孕流产的，所在单位应当根据医务部门的证明，给予一定时间的产假。

（二十）农民工维护劳动权益请求法律援助

根据规定，公民因经济困难没有委托代理人的，可以向发律援助机构申请法律援助。申请法律援助的事项包括但不限于以下情况：依法请求国家赔偿的；请求给予社会保险待遇或者最低生活保障待遇的；请求发给抚恤金、救济金的；请求给付赡养费、抚养费、扶养费的；请求支付劳动报酬的；主张因见义勇为行为产生的民事权益的。也就是说，只要符合了两个要求：参与诉讼因经济困难没有委托代理人，涉及事项符合法律的要求，即可以申请法律援助。

农民工的劳动保障公益热线号码是12333。目前在北京、天津、上海以及全国50多个地级城市已经开通"12333"劳动保障政策咨询电话，开展对农民工的咨询服务工作。该电话一般设在各城市负责劳动和社会保障的政府部门，农民在打工过程中遇到任何劳动纠纷和劳动保障方面的法律问题，都可以拨打这部热线电话反映自己的情况，寻求来自政府部门免费提供的相应支持和帮助。

（二十一）国家对农民工工资的规定

一方面，要建立农民工工资支付保障制度。严格规范用人单位工资支付行为，确保农民工工资按时足额发放给本人，做到工资发放月清月结或按劳动合同约定执行。建立工资支付监控制度和工资保证金制度，从根本上解决拖欠、克扣农民工工资问题。劳动保障部门要重点监控农民工集中的用人单位工资发放情况。对发生过拖欠工资的用人单位，强制在开户银行按期预存工资保证金，实行专户管理。切实解决政府投资项目拖欠工程款问题。所有建设单位都要按照合同约定及时拨付工程款项，建设资金不落实的，有关部门不得发放施工许可证，不得批准开工报告。对重点监控的建筑施工企业实行工资保证金制度。加大对拖欠农民工工资用人单位的处罚力度，对恶意拖欠、情节严重的，可依法责令停业整顿、降低或取消资质，直至吊销营业执照，并对有关人员依法予以制裁。各地方、各单位都要继续加大工资清欠力度，并确保不发生新的拖欠。

另一方面，要合理确定和提高农民工工资水平。规范农民工工资管理，切实改变农民工工资偏低、同工不同酬的状况。各地要严格执行最低工资制度，合理确定并适时调整最低工资标准，制定和推行小时最低工资标准。制定相关岗位劳动定额的行业参考标准。用人单位不得以实行计件工资为由拒绝执行最低工资制度，不得利用提高劳动定额变相降低工资水平。严格执行国家关于职工休息休假的规定，延长工时和休息日、法定假日工作的，要依法支付加班工资。农民工和其他职工要实行同工同酬。国务院有关部门要加强对地方制定、调整和执行最低工资标准的指导监督。各地要科学确定工资指导线，建立企业工资集体协商制度，促进农民工工资合理增长。

（二十二）最低工资标准

最低工资是指劳动者在法定工作时间内提供了正常劳动，其所在单位应支付的最低数额的劳动报酬。其中，法定工作时间是指国家法律、法规规定的工作时间，正常劳动是指劳动者按劳动合同约定在法定工作时间内所从事的劳动。劳动者依据法律、法规规定的休假、探亲以及参加社会活动等，应视同提供了正常劳动。最低工资标准是指单位劳动时间的最低工资数额。最低工资标准的确定实行政府、工会、企业三方代表民主协商原则。省、自治区、直辖市人民政府劳动行政主管部门对本行政区域最低工资制度的实施实行统一管理。国务院劳动行政主管部门对全国最低工资制度的实施实行统一管理。最低工资标准发布实施后，如因确定最低工资标准的诸项因素发生变化，或本地区职工生活费用价格累计变动较大时，应适当调整，但每年最多调整一次。

用人单位支付农民工的工资低于当地最低工资标准的，当地劳动行政部门应责令其限期补发所欠农民工的工资，并支付经济赔偿金。若用人单位拒不支付所欠工资和赔偿金，当地劳动部门应对用人单位和有关责任人实施经济处罚。

（二十三）用人单位克扣工资和无故拖欠工资

克扣工资是指用人单位无正当理由扣减劳动者应得的工资，但不包括以下情况减发的工资：国家法律、法规中有明确规定的；依法签订的劳动合同中有明确规定的；依法制定并经职代会批准的厂规、厂纪中有明确规定的；企业工资总额与经济效益相联系，经济效益下浮时，工资必须下浮的（但支付给劳动者的工资不得低于当地的最低工资标准）；劳动者请事假减发的工资。

无故拖欠工资是指用人单位无正当理由超过规定支付工资的时间而未能支付劳动者工资。不包括：用人单位遇到非人力所能抗拒的自然灾害、战争等原因无法按时支付工资。用人单位因生产经营困难、资金周转受到影响，在征得本单位工会同意后，可暂时延期支付劳动者工资。延期时间的最长限制由各省、自治区、直辖市劳动行政部门确定。

关于企业无故拖欠职工工资问题的处理，劳动部《关于贯彻执行〈中华人民共和国劳动法〉若干问题的意见》第63条规定：企业克扣或无故拖欠劳动者工资的，劳动监察部门应根据《劳动法》第91条、劳动部《违反和解除劳动合同的经济补偿办法》第3条、《违反中华人民共和国劳动法行政处罚办法》第6条予以处理。

《劳动法》第91条规定，用人单位克扣或者无故拖欠劳动者工资的，由劳动行政部门责令支付赔偿金。《违反和解除劳动合同的经济补偿办法》第3条规定，用人单位克扣或者无故拖欠劳动者工资的，除在规定的时间内全额支付劳动者工资报酬外，还需加发相当于工资报酬25%的经济补偿金。《违反〈中华人民共和国劳动法〉行政处罚办法》第6条规定，用人单位克扣或者无故拖欠劳动者工资的，应责令支付劳动者的工资报酬、经济补偿总和的1~5倍支付劳动者赔偿金。

七、我国对农民进城就业的基本政策

（一）取消不合理收费

国家要求取消针对农民工进城就业的不合理收费，如暂住费、暂住（流动）人口管理费、计划生育管理费、城市增容费、劳动力调节费、外地务工经商人员管理服务费和外地（外省）建筑（施工）企业管理费等，严禁越权对农民工设立行政事业性收费项目，防止变换手法向农民工乱收费。

有关部门在办理农民进城务工就业和企业用工手续时，除按照国家有关规定收取证书工本费外，不得收取其他费用。证书工本费最高不得超过 5 元。

有关部门和组织为外出或外来务工人员提供经营性服务的收费必须符合"自愿、有偿"的原则。

（二）维护农民工的合法权益

国家要求建立农民工工资支付保障制度。用人单位不得以任何名目克扣和拖欠农民工工资。各级政府和劳动保障、建设等部门要加大工作力度，严肃查处克扣、拖欠农民工工资的违法行为。同时，落实最低工资制度。

国家要求严格执行劳动合同制度，用人单位必须依法与农民工签订劳动合同。变更劳动合同，应遵循平等自愿、协商一致的原则，不得违反法律规定。

加大维权执法力度。对重点行业加强监察执法，严厉查处随意延长工时、克扣工资、使用童工以及劳动条件恶劣等违法行为。

及时处理农民工申诉的劳动争议案件，并视情况减免应由农民工本人负担的仲裁费用。

大中城市开通"12333"劳动保障电话咨询服务，做好对农民工的咨询服务工作。

对农民工开展相应的法律援助。

支持工会组织依法维护农民工的权益。

（三）《国务院关于解决农民工问题的若干意见》的主要内容

为统筹城乡发展，保障农民工合法权益，改善农民工就业环境，引导农村富余劳动力合理有序转移，推动全面建设小康社会进程，2006年1月31日，国务院印发了《国务院关于解决农民工问题的若干意见》（以下简称《意见》）。《意见》重申了解决农民工问题的重大意义、做好农民工工作的指导思想和基本原则。重点强调解决农民工工资偏低和拖欠、就业服务和培训、社会保障、公共管理和服务、户籍管理制度改革、土地承包权利等各个方面的政策措施，意味着各种针对农民工进城就业的歧视性规定和不合理限制将被清理和取消。

1. 抓紧解决农民工工资偏低和拖欠问题

《意见》指出：建立农民工工资支付保障制度。

严格规范用人单位工资支付行为，确保农民工工资按时足额发放给本人，做到工资发放月清月结或按劳动合同约定执行。建立工资支付监控制度和工资保证金制度，从根本上解决拖欠、克扣农民工工资问题。对重点监控的建筑施工企业实行工资保证金制度。加大对拖欠农民工工资用人单位的处罚力度，对恶意拖欠、情节严重的，可依法责令停业整顿、降低或取消资质，直至吊销营业执照，并对有关人员依法予以制裁。

《意见》指出：各地要严格执行最低工资制度，合理确定并适时调整最低工资标准，制定和推行小时最低工资标准。用人单位不得以实行计件工资为由拒绝执行最低工资制度，不得利用提高劳动定额变相降低工资水平。严格执行国家关于职工休息休假的规定，延长工时和休息日、法定假日工作的，要依法支付加班工资。农民工和其他职工要实行同工同酬。

2. 依法规范农民工劳动管理

《意见》指出：所有用人单位招用农民工都必须依法订立并履行劳动合同，建立权责明确的劳动关系。严格执行国家关于劳动合同试用期的规定，不得滥用试用期侵犯农民工权益。劳动保障部门要制定和推行规范的劳动合同文本，任何单位都不得违反劳动合同约定，损害农民工权益。

《意见》指出：各地要严格执行国家职业安全和劳动保护规程及标准。企业必须按规定配备安全生产和职业病防护设施。对从事可能产生职业危害作业的人员定期进行健康检查。有关部门要切实履行职业安全和劳动保护监管职责。发生重大职业安全事故，除惩处直接责任人和企业负责人外，还要追究政府和有关部门领导的责任。

《意见》指出：用人单位要依法保护女工的特殊权益，不得以性别为由拒绝录用女工或提高女工录用标准，不得安排女工从事禁忌劳动范围工作，不得在女工孕期、产期、哺乳期降低其基本工资或单方面解除劳动合同。

3. 搞好农民工就业服务和培训

《意见》指出：统筹城乡就业，改革城乡分割的就业管理体制，建立城乡统一、平等竞争的劳动力市场，为城乡劳动者提供平等的就业机会和服务。各地区、各部门要进一步清理和取消各种针对农民工进城就业的歧视性规定和不合理限制，清理对企业使用农民工的行政审批和行政收费，不得以解决城镇劳动力就业为由清退和排斥农民工。

《意见》指出：各级人民政府要建立健全县乡公共就业服务网络，为农民转移就业提供服务。城市公共职业介绍机构要向农民工开放，免费提供政策咨询、就业信息、就业指导和职业介绍。输出地和输入地要加强协作，开展有组织的就业、创业培训和劳务输出。严厉打击以职业介绍或以招工为名，坑害农民工的违法犯罪活动。

《意见》指出：各地要大力开展农民工职业技能培训和引导性培训，提高农民转移就业能力和外出适应能力。扩大农村劳动力转移培训规模，提高培训质量。继续实施好农村劳动力转移培训阳光工程。完善农民工培训补贴办法，对参加培训的农民工给予适当培训费补贴。推广"培训券"等直接补贴的做法。要研究制定鼓励农民工参加职业技能鉴定、获取国家职业资格证书的政策。建立由政府、用人单位和个人共同负担的农民工培训投入机制，中央和地方各级财政要加大支持力度。

4. 积极稳妥地解决农民工社会保障问题

《意见》指出：根据农民工最紧迫的社会保障需求，坚持分类指导、稳步推进，优先解决工伤保险和大病医疗保障问题，逐步解决养老保障问题。要兼顾农民工工资收入偏低的实际情况，实行低标准进入、渐进式过渡，调动用人单位和农民工参保的积极性。

《意见》指出：各地要认真贯彻落实《工伤保险条例》。所有用人单位必须及时为农民工办理参加工伤保险手续，并按时足额缴纳工伤保险费。在农民工发生工伤后，要做好工伤认定、劳动能力鉴定和工伤待遇支付工作。未参加工伤保险的农民工发生工伤，由用人单位按照工伤保险规定的标准支付费用；各统筹地区要采取建立大病医疗保险统筹基金的办法，根据当地实际合理确定缴费率，主要由用人单位缴费；抓紧研究低费率、广覆盖、可转移，并能够与现行的养老保险制度衔接的农民工养老保险办法。已经参加城镇职工基本养老保险的农民工，用人单位要继续为其缴费。劳动保障部门要抓紧制定农民工养老保险关系异地转移与接续的办法。

5. 切实为农民工提供相关公共服务

《意见》指出：输入地政府要转变思想观念和管理方式，对农民工实行属地管理。输入地政府要承担起农民工同住子女义务教育的责任，将农民工子女义务教育纳入当地教育发展规划，列入教育经费预算，以全日制公办中小学为主接收农民工子女入学，并按照实际在校人数拨付学校公用经费。城市公办学校对农民工子女接受义务教育要与当地学生在收费、管理等方面同等对待，不得违反国家规定向农民工子女加收借读费及其他任何费用。输出地政府要解决好农民工托留在农村子女的教育问题。

《意见》指出：输入地要加强农民工疾病预防控制工作，强化对农民工健康教育和聚居地的疾病监测，落实国家关于特定传染病的免费治疗政策。要把农民工子女纳入当地免疫规划，采取有效措施提高国家免疫规划疫苗的接种率；输入地政府要把农民工计划生育管理和服务经费纳入地方财政预算，提供国家规定的计划生育、生殖健康等免费服务项目和药具。用人单位要依法履行农民工计划生育相关管理服务责任。输出地免费发放《流动人口婚育证明》，及时向输入地提供农民工婚育信息。

《意见》指出：招用农民工数量较多的企业，在符合规划的前提下，可在依法取得的企业用地范围内建设农民工集体宿舍。各地要把长期在城市就业与生活的农民工居住问题，纳入城市住宅建设发展规划。有条件的地方，城镇单位聘用农民工，用人单位和个人可缴存住房公积金，用于农民工购买或租赁自住住房。

6. 健全维护农民工权益的保障机制

《意见》指出：招用农民工的单位，职工代表大会要有农民工代表，保障农民工参与企业民主管理权利。农民工户籍所在地的村民委员会，在组织换届选举或决定涉及农民工权益的重大事务时，应及时通知农民工，并通过适当方式行使民主权利。有关部门和单位在评定技术职称、晋升职务、评选劳动模范和先进工作者等方面，要将农民工与城镇职工一样看待。依法保障农民工人身自由和人格尊严，严禁打骂、侮辱农民工的非法行为。

《意见》指出：逐步地、有条件地解决长期在城市就业和居住农民工的户籍问题。中小城市和小城镇要适当放宽农民工落户条件；大城市要积极稳妥地解决符合条件的农民工户籍问题，对农民工中的劳动模范、先进工作者和高级技工、技师以及其他有突出贡献者，应优先准予落户。具体落户条件，由各地根据实际情况自行制定。

《意见》指出：各地不得以农民进城务工为由收回承包地，纠正违法收回农民工承包地的行为。农民外出务工期间，所承包土地无力耕种的，可委托代耕或通过转包、出租、转让等形式流转土地经营权，但不能撂荒。农民工土地承包经营权流转，要坚持依法、自愿、有偿的原则，任何组织和个人不得强制或限制，也不得截留、扣缴或以其他方式侵占土地流转收益。

《意见》指出：健全农民工维权举报投诉制度，有关部门要认真受理农民工举报投诉并及时调查处理。加强和改进劳动争议调解、仲裁工作。对农民工申诉的劳动争议案件，要简化程序、加快审理，涉及劳动报酬、工伤待遇的要优先审理。要把农民工列为法律援助的重点对象。对农民工申请法律援助，要简化程序，快速办理。对申请支付劳动报酬和工伤赔偿法律援助的，不再审查其经济困难条件。鼓励和支持律师和相关法律从业人员接受农民工委托，并对经济确有困难而又达不到法律援助条件的农民工适当减少或免除律师费。政府要根据实际情况安排一定的法律援助资金，为农民工获得法律援助提供必要的经费支持。

附 录

《中华人民共和国劳动法》

第一章 总 则

第一条 为了保护劳动者的合法权益，调整劳动关系，建立和维护适应社会主义市场经济的劳动制度，促进经济发展和社会进步，根据宪法，制定本法。

第二条 在中华人民共和国境内的企业、个体经济组织（以下统称用人单位）和与之形成劳动关系的劳动者，适用本法。国家机关、事业组织、社会团体和与之建立劳动合同关系的劳动者，依照本法执行。

第三条 劳动者享有平等就业和选择职业的权利、取得劳动报酬的权利、休息休假的权利、获得劳动安全卫生保护的权利、接受职业技能培训的权利、享受社会保险和福利的权利、提请劳动争议处理的权利以及法律规定的其他劳动权利。劳动者应当完成劳动任务提高职业技能，执行劳动安全卫生规程，遵守劳动纪律和职业道德。

第四条 用人单位应当依法建立和完善规章制度，保障劳动者享有劳动权利和履行劳动义务。

第五条 国家采取各种措施，促进劳动就业，发展职业教育，制定劳动标准，调节社会收入，完善社会保险，协调劳动关系，逐步提高劳动者的生活水平。

第六条 国家提倡劳动者参加社会义务劳动，开展劳动竞赛和合理化建议活动，鼓励和保护劳动者进行科学研究、技术革新和发明创造，表彰和奖励劳动模范和先进工作者。

第七条 劳动者有权依法参加和组织工会。工会代表和维护劳动者的合法权益，依法独立自主地开展活动。

第八条 劳动者依照法律规定，通过职工大会、职工代表大会或者其他形式，参与民主管理或者就保护劳动者合法权益与用人单位进行平等协商。

第九条 国务院劳动行政部门主管全国劳动工作。县级以上地方人民政府劳动行政部门主管本行政区域内的劳动工作。

第二章　促进就业

第十条 国家通过促进经济和社会发展，创造就业条件，扩大就业机会。国家鼓励企业、事业组织、社会团体在法律、行政法规规定的范围内兴办产业或者经营，增加就业。国家支持劳动者自愿组织起来就业和从事个体经营实现就业。

第十一条 地方各级人民政府应当采取措施，发展多种类型的职业介绍机构，提供就业服务。

第十二条 劳动者就业，不因民族、种族、性别、宗教信仰不同而受歧视。

第十三条 妇女享有与男子平等的就业权利。在录用职工时，除国家规定的不适合妇女的工种或者岗位外，不得以性别为由拒绝录用妇女或者提高对妇女的录用标准。

第十四条　残疾人、少数民族人员、退出现役的军人的就业，法律、法规有特别规定的，从其规定。

第十五条　禁止用人单位招用未满十六周岁的未成年人。文艺、体育和特种工艺单位招用未满十六周岁的未成年人，必须依照国家有关规定，履行审批手续，并保障其接受义务教育的权利。

第三章　劳动合同和集体合同

第十六条　劳动合同是劳动者与用人单位确立劳动关系、明确双方权利和义务的协议。建立劳动关系应当订立劳动合同。

第十七条　订立和变更劳动合同，应当遵循平等自愿、协商一致的原则，不得违反法律、行政法规的规定。劳动合同依法订立即具有法律约束力，当事人必须履行劳动合同规定的义务。

第十八条　下列劳动合同无效：

（一）违反法律、行政法规的劳动合同；

（二）采取欺诈、威胁等手段订立的劳动合同。

无效的劳动合同，从订立的时候起，就没有法律约束力。确认劳动合同部分无效的，如果不影响其余部分的效力，其余部分仍然有效。劳动合同的无效，由劳动争议仲裁委员会或者人民法院确认。

第十九条　劳动合同应当以书面形式订立，并具备以下条款：

（一）劳动合同期限；

（二）工作内容；

（三）劳动保护和劳动条件；

（四）劳动报酬；

（五）劳动纪律；

（六）劳动合同终止的条件；

（七）违反劳动合同的责任。

劳动合同除前款规定的必备条款外，当事人可以协商约定其他内容。

第二十条　劳动合同的期限分为有固定期限、无固定期限和以完成一定的工作为期限。劳动者在同一用人单位连续工作满十年以上，当事人双方同意续延劳动合同的，如果劳动者提出订立无固定期限的劳动合同，应当订立无固定期限的劳动合同。

第二十一条　劳动合同可以约定试用期。试用期最长不得超过六个月。

第二十二条　劳动合同当事人可以在劳动合同中约定保守用人单位商业秘密的有关事项。

第二十三条　劳动合同期满或者当事人约定的劳动合同终止条件出现，劳动合同即行终止。

第二十四条　经劳动合同当事人协商一致，劳动合同可以解除。

第二十五条　劳动者有下列情形之一的，用人单位可以解除劳动合同：

（一）在试用期间被证明不符合录用条件的；

（二）严重违反劳动纪律或者用人单位规章制度的；

（三）严重失职，营私舞弊，对用人单位利益造成重大损害的；

（四）被依法追究刑事责任的。

第二十六条　有下列情形之一的，用人单位可以解除劳动合同，但是应当提前三十日以书面形式通知劳动者本人：

（一）劳动者患病或者非因工负伤，医疗期满后，不能从事原工作，也不能从事由用人单位另行安排的工作；

（二）劳动者不能胜任工作，经过培训或者调整工作岗位，仍不能胜任工作的；

（三）劳动合同订立时所依据的客观情况发生重大变化，致使原劳动合同无法履行，经当事人协商不能就变更劳动合同达成协议的。

第二十七条　用人单位濒临破产进行法定整顿期间或者生产经营状况发生严重困难，确需裁减人员的，应当提前三十日向工会或者全体职工说明情况，听取工会或者职工的意见。经向劳动行政部门报告后，可以裁减人员。用人单位依据本条规定裁减人员，在六个月内录用人员的，应当优先录用裁减的人员。

第二十八条　用人单位依据本法第二十四条、第二十六条、第二十七条的规定解除劳动合同的，应当依照国家有关规定给予经济补偿。

第二十九条　劳动者有下列情形之一的，用人单位不得依据本法第二十六条、第二十七条的规定解除劳动合同：

（一）患职业病或者因工负伤并被确认丧失或者部分丧失劳动能力的；

（二）患病或者负伤，在规定的医疗期内的；

（三）女职工在孕期、产期、哺乳期内的；

（四）法律、行政法规规定的其他情形。

第三十条　用人单位解除劳动合同，工会认为不适当的，有权提出意见。如果用人单位违反法律、法规或者劳动合同，工会有权要求重新处理；劳动者申请仲裁或者提起诉讼的，工会应当依法给予支持和帮助。

第三十一条　劳动者解除劳动合同，应当提前三十日以书面形式通知用人单位。

第三十二条　有下列情形之一的，劳动者可以随时通知用人单位解除劳动合同：

（一）在试用期内；

（二）用人单位以暴力、威胁或者非法限制人身自由的手段强迫劳动的；

（三）用人单位未按照劳动合同约定支付劳动报酬或者提供劳动条件的。

第三十三条　企业职工一方与企业可以就劳动报酬、工作时间、休息休假、劳动安全卫生、保险福利等事项，签订集体合同。集体合同草案应当提交职工代表大会或者全体职工讨论通过。集体合同由工会代表职工与企业签订；没有建立工会的企业，由职工推举的代表与企业签订。

第三十四条　集体合同签订后应当报送劳动行政部门；劳动行政部门自收到集体合同文本之日起十五日内未提出异议的，集体合同即行生效。

第三十五条　依法签订的集体合同对企业和企业全体职工具有约束力。职工个人与企业订立的劳动合同中劳动条件和劳动报酬等标准不得低于集体合同的规定。

第四章　工作时间和休息休假

第三十六条　国家实行劳动者每日工作时间不超过八小时、平均每周工作时间不超过四十四小时的工时制度。

第三十七条　对实行计件工作的劳动者，用人单位应当根据本法第三十六条规定的工时制度合理确定其劳动定额和计件报酬标准。

第三十八条　用人单位应当保证劳动者每周至少休息一日。

第三十九条　企业因生产特点不能实行本法第三十六条、第三十八条规定的，经劳动行政部门批准，可以实行其他工作和休息办法。

第四十条　用人单位在下列节日期间应当依法安排劳动者休假：

（一）元旦；

（二）春节；

（三）国际劳动节；

（四）国庆节；

（五）法律、法规规定的其他休假节日。

第四十一条　用人单位由于生产经营需要，经与工会和劳动者协商后可以延长工作时间，一般每日不得超过一小时；因特殊原因需要延长工作时间的，在保障劳动者身体健康的条件下延长工作时间每日不得超过三小时，但是每月不得超过三十六小时。

第四十二条　有下列情形之一的，延长工作时间不受本法第四十一条规定的限制：

（一）发生自然灾害、事故或者因其他原因，威胁劳动者生命健康和财产安全，需要紧急处理的；

（二）生产设备、交通运输线路、公共设施发生故障，影响生产和公众利益，必须及时抢修的；

（三）法律、行政法规规定的其他情形。

第四十三条　用人单位不得违反本法规定延长劳动者的工作时间。

第四十四条　有下列情形之一的，用人单位应当按照下列标准支付高于劳动者正常工作时间工资的工资报酬：

（一）安排劳动者延长工作时间的，支付不低于工资的百分之一百五十的工资报酬；

（二）休息日安排劳动者工作又不能安排补休的，支付不低于工资的百分之二百的工资报酬。

第四十五条　国家实行带薪年休假制度。劳动者连续工作一年以上的，享受带薪年休假。具体办法由国务院规定。

第五章　工　资

第四十六条　工资分配应当遵循按劳分配原则，实行同工同酬。工资水平在经济发展的基础上逐步提高。国家对工资总量实行宏观调控。

第四十七条　用人单位根据本单位的生产经营特点和经济效益，依法自主确定本单位的工资分配方式和工资水平。

第四十八条　国家实行最低工资保障制度。最低工资的具体标准由省、自治区、直辖市人民政府规定，报国务院备案。用人单位支付劳动者的工资不得低于当地最低工资标准。

第四十九条　确定和调整最低工资标准应当综合参考下列因素：

（一）劳动者本人及平均赡养人口的最低生活费用；

（二）社会平均工资水平；

（三）劳动生产率；

（四）就业状况；

（五）地区之间经济发展水平的差异。

第五十条　工资应当以货币形式按月支付给劳动者本人。不得克扣或者无故拖欠劳动者的工资。

第五十一条　劳动者在法定休假日和婚丧假期间以及依法参加社会活动期间，用人单位应当依法支付工资。

第六章　劳动安全卫生

第五十二条　用人单位必须建立、健全劳动安全卫生制度，严格执行国家劳动安全卫生规程和标准，对劳动者进行劳动安全卫生教育，防止劳动过程中的事故，减少职业危害。

第五十三条　劳动安全卫生设施必须符合国家规定的标准。新建、改建、扩建工程的劳动安全卫生设施必须与主体工程同时设计、同时施工、同时投入生产和使用。

第五十四条　用人单位必须为劳动者提供符合国家规定的劳动安全卫生条件和必要的劳动防护用品，对从事有职业危害作业的劳动者应当定期进行健康检查。

第五十五条　从事特种作业的劳动者必须经过专门培训并取得特种作业资格。

第五十六条　劳动者在劳动过程中必须严格遵守安全操作规程。劳动者对用人单位管理人员违章指挥、强令冒险作业，有权拒绝执行；对危害生命安全和身体健康的行为，有权提出批评、检举和控告。

第五十七条　国家建立伤亡事故和职业病统计报告和处理制度。县级以上各级人民政府劳动行政部门、有关部门和用人单位应当依法对劳动者在劳动过程中发生的伤亡事故和劳动者的职业病状况，进行统计、报告和处理。

第七章　女职工和未成年工特殊保护

第五十八条　国家对女职工和未成年工实行特殊劳动保护。未成年工是指年满十六周岁未满十八周岁的劳动者。

第五十九条 禁止安排女职工从事矿山井下、国家规定的第四级体力劳动强度的劳动和其他禁忌从事的劳动。

第六十条 不得安排女职工在经期从事高处、低温、冷水作业和国家规定的第三级体力劳动强度的劳动。

第六十一条 不得安排女职工在怀孕期间从事国家规定的第三级体力劳动强度的劳动和孕期禁忌从事的劳动。对怀孕七个月以上的女职工,不得安排其延长工作时间和夜班劳动。

第六十二条 女职工生育享受不少于九十天的产假。

第六十三条 不得安排女职工在哺乳未满一周岁的婴儿期间从事国家规定的第三级体力劳动强度的劳动和哺乳期禁忌从事的其他劳动,不得安排其延长工作时间和夜班劳动。

第六十四条 不得安排未成年工从事矿山井下、有毒有害、国家规定的第四级体力劳动强度的劳动和其他禁忌从事的劳动。

第六十五条 用人单位应当对未成年工定期进行健康检查。

第八章 职业培训

第六十六条 国家通过各种途径采取各种措施,发展职业培训事业,开发劳动者的职业技能,提高劳动者素质,增强劳动者的就业能力和工作能力。

第六十七条 各级人民政府应当把发展职业培训纳入社会经济发展的规划,鼓励和支持有条件的企业、事业组织、社会团体和个人进行各种形式的职业培训。

第六十八条 用人单位应当建立职业培训制度,按照国家规定提取和使用职业培训经费,根据本单位实际,有计划地对劳动者进行职业培训。从事技术工种的劳动者,上岗前必须经过培训。

第六十九条　国家确定职业分类，对规定的职业制定职业技能标准，实行职业资格证书制度，由经过政府批准的考核鉴定机构负责对劳动者实施职业技能考核鉴定。

第九章　社会保险和福利

第七十条　国家发展社会保险事业，建立社会保险制度，设立社会保险基金，使劳动者在年老、患病、工伤、失业、生育等情况下获得帮助和补偿。

第七十一条　社会保险水平应当与社会经济发展水平和社会承受能力相适应。

第七十二条　社会保险基金按照保险类型确定资金来源，逐步实行社会统筹。用人单位和劳动者必须依法参加社会保险，缴纳社会保险费。

第七十三条　劳动者在下列情形下，依法享受社会保险待遇：

（一）退休；

（二）患病、负伤；

（三）因工伤残或者患职业病；

（四）失业；

（五）生育。

劳动者死亡后，其遗嘱依法享受遗嘱津贴。劳动者享受社会保险待遇的条件和标准由法律、法规规定。劳动者享受社会保险金必须按时足额支付。

第七十四条　社会保险基金经办机构依照法律规定收支、管理和运营社会保险基金，并负有使社会保险基金保值增值的责任。社会保险基金监督机构依照法律规定，对社会保险基金的收支、管理和运营实施监督。社会保险基金经办机构和社会保险基金监督机构的设立和职能由法律规定。任何组织和个人不得挪用社会保险基金。

第七十五条 国家鼓励用人单位根据本单位实际情况为劳动者建立补充保险。国家提倡劳动者个人进行储蓄性保险。

第七十六条 国家发展社会福利事业，兴建公共福利设施，为劳动者休息、休养和疗养提供条件。用人单位应当创造条件，改善集体福利，提高劳动者的福利待遇。

第十章 劳动争议

第七十七条 用人单位与劳动者发生劳动争议，当事人可以依法申请调解、仲裁、提起诉讼，也可以协商解决。调解原则适用于仲裁和诉讼程序。

第七十八条 解决劳动争议，应当根据合法、公正、及时处理的原则，依法维护劳动争议当事人的合法权益。

第七十九条 劳动争议发生后，当事人可以向本单位劳动争议调解委员会申请调解；调解不成，当事人一方要求仲裁的，可以向劳动争议仲裁委员会申请仲裁。当事人一方也可以直接向劳动争议仲裁委员会申请仲裁。对仲裁裁决不服的，可以向人民法院提起诉讼。

第八十条 在用人单位内，可以设立劳动争议调解委员会。劳动争议调解委员会由职工代表、用人单位代表和工人代表组成。劳动争议调解委员会主任由工会代表担任。劳动争议经调解达成协议的，当事人应当履行。

第八十一条 劳动争议仲裁委员会由劳动行政部门代表、同级工会代表、用人单位方面的代表组成。劳动争议仲裁委员会主任由劳动行政部门代表担任。

第八十二条　提出仲裁要求的一方应当自劳动争议发生之日起六十日内向劳动争议仲裁委员会提出书面申请，仲裁裁决一般应在收到仲裁申请的六十日内作出。对仲裁裁决无异议的，当事人必须履行。

第八十三条　劳动争议当事人对仲裁裁决不服的，可以自收到仲裁裁决书之日起十五日内向人民法院提起诉讼。一方当事人在法定期限内不起诉又不履行仲裁裁决的，另一方当事人可申请人民法院强制执行。

第八十四条　因签订集体合同发生争议，当事人协商解决不成的，当地人民政府劳动行政部门可以组织有关各方协调处理。因履行集体合同发生争议，当事人协商解决不成的，可以向劳动争议仲裁委员会申请仲裁；对仲裁裁决不服的，可以自收到仲裁裁决书之日起十五日内向人民法院提起诉讼。

第十一章　监督检查

第八十五条　县级以上各级人民政府劳动行政部门依法对用人单位遵守劳动法律、法规的情况进行监督检查，对违反劳动法律、法规的行为有权制止，并责令改正。

第八十六条　县级以上各级人民政府劳动行政部门监督检查人员执行公务，有权进入用人单位了解执行劳动法律、法规的情况，查阅必要的资料，并对劳动场所进行检查。县级以上各级人民政府劳动行政部门监督检查人员执行公务，必须出示证件，秉公执法并遵守有关规定。

第八十七条　县级以上各级人民政府有关部门在各自职责范围内，对用人单位遵守劳动法律、法规的情况进行监督。

第八十八条 各级工会依法维护劳动者的合法权益，对用人单位遵守劳动法律、法规的情况进行监督。任何组织和个人对于违反劳动法律、法规的行为有权检举和控告。

第十二章 法律责任

第八十九条 用人单位制定的劳动规章制度违反法律、法规规定的，由劳动行政部门给予警告，责令改正；对劳动者造成损害的，应当承担赔偿责任。

第九十条 用人单位违反本法规定，延长劳动者工作时间的，由劳动行政部门给予警告，责令改正，并可以处以罚款。

第九十一条 用人单位有下列侵害劳动者合法权益情形之一的，由劳动行政部门责令支付劳动者的工资报酬、经济补偿，并可以责令支付赔偿金：

（一）克扣或者无故拖欠劳动者工资的；

（二）拒不支付劳动者延长工作时间工资报酬的；

（三）低于当地最低工资标准支付劳动者工资的；

（四）解除劳动合同后，未依照本法规定给予劳动者经济补偿的。

第九十二条 用人单位的劳动安全设施和劳动卫生条件不符合国家规定或者未向劳动者提供必要的劳动防护用品和劳动保护设施的，由劳动行政部门或者有关部门责令改正，可以处以罚款；情节严重的，提请县级以上人民政府决定责令停产整顿；对事故隐患不采取措施，致使发生重大事故，造成劳动者生命和财产损失的，对责任人员比照刑法第一百八十七条的规定追究刑事责任。

第九十三条 用人单位强令劳动者违章冒险作业，发生重大伤亡事故，造成严重后果的，对责任人员依法追究刑事责任。

第九十四条　用人单位非法招用未满十六周岁的未成年人的，由劳动行政部门责令改正，处以罚款；情节严重的，由工商行政管理部门吊销营业执照。

第九十五条　用人单位违反本法对女职工和未成年工的保护规定，侵害其合法权益的，由劳动行政部门责令改正，处以罚款；对女职工或者未成年工造成损害的，应当承担赔偿责任。

第九十六条　用人单位有下列行为之一，由公安机关对责任人员处以十五日以下拘留、罚款或者警告；构成犯罪的，对责任人员依法追究刑事责任：

（一）以暴力、威胁或者非法限制人身自由的手段强迫劳动的；

（二）侮辱、体罚、殴打、非法搜查和拘禁劳动者的。

第九十七条　由于用人单位的原因订立的无效合同，对劳动者造成损害的，应当承担赔偿责任。

第九十八条　用人单位违反本法规定的条件解除劳动合同或者故意拖延不订立劳动合同的，由劳动行政部门责令改正；对劳动者造成损害的，应当承担赔偿责任。

第九十九条　用人单位招用尚未解除劳动合同的劳动者，对原用人单位造成经济损失的，该用人单位应当依法承担连带赔偿责任。

第一百条　用人单位无故不缴纳社会保险费的，由劳动行政部门责令其限期缴纳；逾期不缴的，可以加收滞纳金。

第一百零一条　用人单位无理阻挠劳动行政部门、有关部门及其工作人员行使监督检查权，打击报复举报人员的，由劳动行政部门或者有关部门处以罚款；构成犯罪的，对责任人员依法追究刑事责任。

第一百零二条　劳动者违反本法规定的条件解除劳动合同或者违反劳动合同中约定的保密事项，对用人单位造成经济损失的，应当依法承担赔偿责任。

第一百零三条　劳动行政部门或者有关部门的工作人员滥用职权、玩忽职守、徇私舞弊，构成犯罪的，依法追究刑事责任；不构成犯罪的，给予行政处分。

第一百零四条　国家工作人员和社会保险基金经办机构的工作人员挪用社会保险基金，构成犯罪的，依法追究刑事责任。

第一百零五条　违反本法规定侵害劳动者合法权益，其他法律、行政法规的规定处罚的，依照该法律、行政法规的规定处罚。

第十三章　附　则

第一百零六条　省、自治区、直辖市人民政府根据本法和本地区的实际情况，规定劳动合同制度的实施步骤，报国务院备案。

第一百零七条　本法自 1995 年 1 月 1 日起施行。